本书获得国家自然科学基金项目（51908025）、教育部人文社会科学青年基金项目（20YJCZH242）、北京市教育委员会科技计划一般项目（KM202010016001）的资助

区域能源—环境系统
可持续发展建模及应用

SUSTAINABLE DEVELOPMENT MODELING AND APPLICATION OF REGIONAL ENERGY-ENVIRONMENTAL SYSTEM

甄纪亮　刘晓然　张扬 ◎ 著

U0255025

经济管理出版社

ECONOMY & MANAGEMENT PUBLISHING HOUSE

图书在版编目（CIP）数据

区域能源—环境系统可持续发展建模及应用/甄纪亮，刘晓然，张扬著 . —北京：经济管理出版社，2021. 7

ISBN 978 - 7 - 5096 - 8157 - 2

Ⅰ. ①区… Ⅱ. ①甄… ②刘… ③张… Ⅲ. ①能源管理—环境系统—可持续性发展—研究 Ⅳ. ①TK018

中国版本图书馆 CIP 数据核字（2021）第 145193 号

组稿编辑：杜　菲
责任编辑：杜　菲
责任印制：黄章平
责任校对：王淑卿

出版发行：经济管理出版社
　　　　　（北京市海淀区北蜂窝 8 号中雅大厦 A 座 11 层　100038）
网　　　址：www. E - mp. com. cn
电　　　话：（010）51915602
印　　　刷：唐山昊达印刷有限公司
经　　　销：新华书店
开　　　本：720mm × 1000mm/16
印　　　张：13
字　　　数：214 千字
版　　　次：2021 年 8 月第 1 版　　2021 年 8 月第 1 次印刷
书　　　号：ISBN 978 - 7 - 5096 - 8157 - 2
定　　　价：88. 00 元

前　言

随着经济持续高速发展，能源需求及消费快速增长，以化石能源为主体的能源体系存在着供需矛盾尖锐、能源结构不合理、污染物排放量巨大等一系列严重的问题，给我国能源安全、经济社会的可持续发展带来了严峻的挑战。如何科学、有效、合理地对能源系统进行规划与管理，消除这些隐患已成为亟待解决的问题。

然而，在探寻切实可行的能源系统规划的同时，我们也不得不考虑在能源系统管理过程中所蕴含的不确定性和复杂性问题。能源系统是一个复杂的巨系统，与社会、经济、资源、环境、气候等多个系统关联，系统各个层次和组分之间既相互依存也相互影响，导致大量不确定性和复杂性问题出现。此外，区域数据信息的不完备性、认知的局限性以及未来环境政策的动态性也带来了大量不确定性因素。这些不确定性因素为能源系统优化与管理带来了困难。因此，以节能减排、环境友好为理念，开展不确定性条件下的区域能源—环境系统优化和规划研究对于区域转变能源发展模式、优化资源配置、改善环境质量、促进区域能源—环境可持续发展具有重要的意义。

本书在充分辨识区域能源—环境系统特征及其不确定性、复杂性的基础上，旨在解决区域发展面临的资源匮乏、能源供需矛盾、能源结构不合理、环境污染等问题，通过耦合两阶段随机规划、随机鲁棒规划、模糊规划和区间规划等不确定性优化方法，从不同层次、不同角度构建一系列不确定性区域能源—环境系统综合调控模型，反映系统经济、环境目标和风险之间的权衡关系，以期为区域能源—环境系统可持续发展规划与管理提供技术和决策支持。

本书的研究内容及特色主要包括：①针对结构调整及节能减排相关因素影响的问题，基于区间规划和两阶段随机规划构建黑龙江省电力行业协同减排优化模型，根据不同协同减排控制参数和结构调整参数组合设定多种典型情景，揭示不同参数对能源系统优化方案的影响机理。②针对可再生能源发电比重低的问题，基于两阶段随机规划、随机鲁棒规划和区间规划方法建立区间两阶段随机鲁棒—山东省电力规划模型，通过设置不同可再生能源发展目标，得出一系列电力生产、外购电力、电力设施扩容等决策方案。③针对激励政策对新能源发展的影响问题，将电价补贴政策引入到电力系统模型中，构建基于区间两阶段随机鲁棒混合整数规划的唐山市电力系统优化模型，分析不同上网电价补贴情景下的电力系统优化方案，有助于决策者在考虑利益平衡的情形下制定科学合理的发展政策，为我国新能源消纳和电力结构调整提供技术支持和实践经验。④针对能源环境系统日益突出的问题，在全面分析唐山市能源系统特征的基础上统筹兼顾可再生能源发展，建立基于区间模糊混合整数规划的唐山市能源系统优化与管理模型，帮助决策者权衡系统成本、能源供应安全和环境要求之间的互动关系，获得能源资源配置、转换技术扩容、大气污染减排等方案。在节能减排的大背景下，为典型重工业城市能源的可持续发展提供借鉴。⑤针对能源消耗与水资源配置之间的冲突与矛盾问题，将水资源消耗问题纳入到能源系统优化的范畴以支持区域绿色低碳化资源优化配置，利用区间规划、两阶段随机规划和模糊可信度规划方法，构建基于区间两阶段随机模糊可信度规划的区域能源—水资源关联模型，该模型可以为区域能源—环境系统协同管理及调控提供技术与决策支持。

本书第二章部分内容由张扬撰写，其他章节主要是以笔者近年的研究成果为主体内容进行撰写，本书的校对及统稿工作由北京建筑大学刘晓然副教授协助完成。同时，本书的出版得到了国家自然科学基金项目

（51908025）、教育部人文科学研究青年基金项目（20YJCZH242）、北京市教育委员会科技计划一般项目（KM202010016001）的联合资助，在此一并表示感谢。

　　由于笔者水平有限，加之编写时间仓促，书中难免存在错误和不足之处，敬请广大读者批评指正。

甄纪亮
2021 年 5 月

目　录

第一章
绪　论

一、研究背景

　　能源作为人类活动的重要物质基础，对经济的发展、社会的进步和人民生活水平的提高起着至关重要的作用。一方面，以煤炭、石油和天然气等化石能源为主导的能源结构体系极大地推动了经济社会的发展；另一方面，随着世界经济的快速发展，全球人口的迅速增长，全球能源消费量和需求量也日益增加。根据BP公布的《2020年世界能源统计报告》，2019年全球一次能源消费总量增长了1.3%。随着时间的推移，化石能源的过度消耗使人类面临日趋严峻的能源危机。另外，由能源开发与利用引发的环境污染、生态恶化等问题逐渐加深。当前，能源可持续发展、能源安全与生态环境已成为了全世界共同关注的问题。

　　我国作为世界上最大的发展中国家，随着经济的发展，工业化和城市化进程的加快，国民经济规模逐渐扩大，能源消耗量与需求量与日俱增，能源形势非常严峻。当前，我国已成为全球最大的能源消费国，2019年能源消费总量达到48.7亿吨标准煤（煤炭占57.7%），其占全球的比例为

24.3%。从消费形势看，中国经济的快速发展必将导致未来能源消费量的不断增加。同时，我国能源发展也面临一些严峻的问题，如经济增长方式粗放、对外依存度大、能源结构不合理、能源管理体系不健全等。另外，以煤炭为主的能源结构造成二氧化硫（SO_2）、氮氧化物（NO_x）、烟尘的大量排放，对我国能源发展和生态环境保护构成持久的压力。

能源短缺、能源供需不平衡以及能源活动带来的环境污染等问题已成为中国社会经济的巨大挑战。为此，中国出台了一系列规划和政策，强调要加大力度解决经济增长带来的资源与环境问题。"十三五"规划提出深入推进能源变革，优化能源结构，实施污染物总量减排等。同时，由于化石能源的不可再生性，大规模的开发利用已导致了有限资源的日益枯竭，具有环保效益、社会效益的可再生能源就变得更加重要。为此，许多国家都不同程度地加快了可再生能源的发展步伐，我国也制定了相应的规划和政策用于支持可再生能源发展，如《可再生能源发展"十三五"规划》指出：要促进可再生能源消纳，提高可再生能源消费比重，推动能源结构调整。尽管我国加大了对环境保护、资源节约和能源供应以及可再生能源的投入力度，单位能耗和污染物排放量水平等得到显著的提高，但是随着中国经济的快速发展，未来经济发展面临的能源供应和需求等能源安全问题以及环境污染问题将会不断加剧，这将严重制约中国经济社会的可持续发展。因此，做好能源系统规划，推动能源结构调整，优化资源配置，实现区域经济—能源—环境的协调发展，解决发展中的难题是我国可持续发展工作的重中之重。

事实上，能源系统是一个涉及社会、经济、政策、资源、环境等多方面的复杂巨系统，包括能源开发与利用、调入/调出、转换、运输、消耗等多个子系统。系统之间、内部组分之间均与外部因素之间存在错综复杂的互动关系，导致大量不确定性和复杂性问题的出现。此外，区域数据信息的不完备性、自然过程的随机性、认知的局限性以及能源系统的脆弱性等也带来了大量不确定性，这些都会影响能源系统规划方案的制定。因此，科学衡量经济增长、能源消耗与环境目标三者之间的关系，在保障能源供需平衡和保证环境质量的前提下转变城市经济发展方式、调整能源结构、优化资源配置、统筹可再生能源发展、缓解资源与环境的压力，运用不确定性优化方法，建立具有中国特色的、科学合理的复合能源—环境系统优化模型，是能源系统管理与规划亟待解决的问题。

二、相关研究现状

（一）可再生能源研究进展

可再生能源大多为低排放能源，因此属于清洁能源、绿色能源。随着传统能源的日益枯竭和环境问题的日益突出，可再生能源得到了世界各国的关注。

针对可再生能源发展问题，国外开展的研究很多，通过制定科学的规划和政策，引导可再生能源的发展是大多数国家选择的路线。欧盟于1997年颁布了《未来能源：可再生能源》，提出到2050年在欧盟能源结构中可再生能源比重要达到50%。美国政府制定绿色电力发电目标：预计到2050年，可再生能源发电比例将达到80%。德国政府提出，到2020年，可再生能源电力消费量要达到能源总消耗量的35%以上。同时，一些国家也出台了法律法规和激励政策来推动可再生能源的产业化发展。德国2004年制定了《可再生能源法》，指出政府应采取补贴措施等方式提升可再生能源市场份额。1992年，美国《能源政策法》制定了一些可再生能源的鼓励政策，包括对新能源发电在一定程度上减税等；《能源独立及安全法》指出，到2025年，美国在绿色能源领域的投资将达到1900亿美元。2012年，日本提出的《可再生能源特别措施法案》规定，针对所有可再生能源产生的电力，日本电力公司有义务以固定价格收购。

为缓解当前严峻的能源资源短缺和环境恶化问题，促进可再生能源的发展，我国政府做出了巨大努力，制定了可再生能源发展规划，实施了相应的法律、政策等。《能源发展战略行动计划（2014 – 2020 年）》指出，到 2020 年非化石能源占一次能源消费比重提高到 15%。《可再生能源发展"十三五"规划》提出，到 2020 年，可再生能源装机总量 6.8 亿千瓦，发电比达到 27%。在法律法规方面，2006 年，中国颁布了《可再生能源法》，制定了涉及可再生能源发展的各个方面的规定和政策，指明了各参与者的责任、权利和义务。为了保障可再生能源发电上网，国家电力监管委员会发布了《电网企业全额收购可再生能源电量监管办法》，指明电网企业收购可再生能源发电的义务和措施。

另外，针对可再生能源发展问题，一些学者也进行了相关研究。Bolinger 和 Wiser（2009）研究了价格政策对美国风力发电发展的影响，指出电价政策可以促进风电产业的发展。Plumb 和 Zamfir（2009）从成本、政策环境、法律法规三个方面深入研究了欧盟新能源的发展历程，结果表明在市场发展的推动下，欧盟绿色许可证制度能够推进可再生能源的发展。陈少强（2010）对新能源财政政策进行了分析，指出为促进新能源发展，应妥善处理财政政策与其他经济政策以及市场机制之间的关系，发挥政策的引导和扶持作用。白建华等（2015）开展了我国高比例可再生能源发展路径研究，为可再生能源发展提供了相关政策建议。岳小花（2016）对可再生能源经济激励政策立法进行了分析，重点研究了税收支持、金融支持、政府财政补贴政策，为我国可再生能源经济激励政策和立法规范提供建议。

总体来看，制定可再生能源发展目标和相应的政策能够加快可再生能源产业化、规模化发展的步伐，推进能源生产和消费革命、推动能源模式转型。除对可再生能源发展目标和政策等进行研究外，许多学者也对可再生能源发展的研究方法做了大量研究。由于可再生能源属于能源范畴，这部分内容将在能源模型概述部分和不确定性优化方法部分进行介绍。

（二） 能源系统规划模型研究进展

对于能源系统管理来说，能源模型是一种主要的研究工具，它能够用数学表达式来衡量能源系统的结构及变量间的相互作用关系，在实现能源和环境政策措施效果最大化的前提下，对能源系统的经济效益和环境效益进行定量研究，从而为制定科学性和系统性的能源与环境发展规划提供决策依据。能源模型自 20 世纪 70 年代首先被用于政策分析以来，在过去几十年里，国内外研究学者已开展了大量的相关研究，并取得了丰硕成果。

线性规划法在能源系统规划中被应用得最为广泛，Satsangi 和 Sarma （1988） 建立了一个基于线性规划的能源模型，用于解决印度经济发展中的能源问题。Iniyan 和 Sumathy （2000） 建立了确定性可再生能源优化模型，并将其运用于在多用户情况下制定可再生能源的各种分配方案。Gebremedhin 等 （2009） 针对智利全国电力系统情况，通过线性规划方法对其进行分析得出最优化的电力系统改革方案。Koltsaklis 等 （2014） 提出了一种混合整数线性规划模型用于希腊电力系统规划中长期规划，得出了不同情景下的最优电力生产、发电技术选择等方案。

在能源系统规划模型研究中，多目标规划又是一个有效的工具，它在处理多层次、多维度、多准则的问题时具有显著成效。Zehar 和 Sayah （2008） 建立了多目标环境—经济模型，并使用线性规划方法解决大气中二氧化硫与氮氧化物等污染物治理问题。Martins 等 （1996） 根据实际问题建立了一个多目标线性规划模型，并将其运用于电力行业需求侧的管理。赵媛等 （2001） 以江苏省实际情况为背景，运用多目标线性规划法建立了能源与社会、经济、环境协调发展的优化模型，定量探讨了可持续能源发展的方案与对策。牛东晓等 （2016） 系统考虑了投资成本、运行成本、系统鲁棒性等因素，构建了一个多目标分布式电源系统规划模型，引入 God-like 算法对模型进行了求解，并以我国南方某岛为例开展了实例研究。张东海 （2020） 综合考虑了经济增长、资源、温室气体减排、污染物减排等因素，应用多目标规划模型对 2025 年上海市的电力结构进行了优化研究。

随着人们对能源供应问题重视程度的提高，一系列用于预测能源供需平衡、研究能源系统规划的模型也随之产生，主要包括 CGE 模型、MARKAL 模型、EFOM 模型、LEAP 模型、MESSAGE 模型、NEMS 模型等（魏一鸣等，2005）。为了模拟能源、经济与环境之间的互动关系，CGE 模型应运而生。该模型已用于世界上许多国家的能源贸易、经济改革、税收政策和能源环境等方面的分析。Thepkhun 等（2013）应用 CGE 模型分析了泰国温室气体减排政策，结果表明碳捕集和储存以及碳交易能够有效促进温室气体减排。Bouzaher 等（2015）基于 CGE 模型开发了土耳其能源、经济和环境模型，评估了绿色政策和公共政策对土耳其经济的影响。赵文会等（2016）建立了经济—能源—环境 CGE 模型，研究了碳税对可再生能源总产量和能源结构的影响，结果表明碳税政策可以提高可再生能源占比和改变能源消费模式。时佳瑞（2016）构建了中国 40 部门动态 CGE 模型，分析了煤炭资源税改革和碳交易机制对中国经济和环境的影响，为政府制定相关的政策提供支持。

MARKAL 模型是一个基于多目标规划和混合整数规划的能源模型，可用于国家级或地区级尺度的能源系统分析。Sato 等（1998）应用 MARKAL 模型对 1990～2050 年日本温室气体减排潜力进行了研究，指出了未来日本能源及其技术的发展方向。Ma 等（2015）应用 MARKAL 模型开展了上海市能源系统研究，综合分析了上海市未来能源需求及其对环境质量的影响。佟庆等（2004）运用 MARKAL 模型研究了北京市中长期能源发展情况，分析了多种可能性的能源发展情景。何旭波（2013）应用 MARKAL 模型模拟了陕西省 2010～2030 年能源活动、污染物及二氧化碳排放情况。

考虑能源需求、消费和环境之间的相互影响，瑞典斯德哥尔摩环境研究所 SEI 开发了能源经济环境模型——LEAP 模型，用于分析各种能源方案的经济效益与环境效益。Kumar（2016）运用 LEAP 模型开展了印度尼西亚和泰国能源系统研究，进行了不同可再生能源政策下 2010～2050 年电力供应预测，评估了可再生能源对能源安全和碳减排的影响。Emodi 等（2017）建立了尼日利亚 LEAP 模型，通过耦合温室气体减排探讨了未来尼日利亚的能源需求和能源供应。朱跃中和戴彦德（2002）运用 LEAP 模型预测了我国不同发展情景模式下的中长期能源需求，为决策者提供了战略分析。周丽娜（2015）应用 LEAP 模型预测分析了山东省不同发展情景下的能源消耗和二氧化碳（CO_2）排放情况，结果表明山东省 2030 年实现能源消费峰值年是科学的。

随着科学技术和模型工具的进一步发展，对能源系统研究的不断深入，一些新的能源规划模型被开发出来，如 EnergyPLAN 模型和 Balmorel 模型。EnergyPLAN 是由丹麦奥尔堡大学开发的能源系统分析模型，可用于分析能源战略或政策对大尺度或中尺度区域经济、能源以及环境的影响。Hagos 等（2014）基于 EnergyPLAN 模型分析了挪威内陆能源系统，指出挪威应加强对太阳能、风能、生物质能等可再生能源的开发利用，降低对水电的依赖性。针对"十二五"规划的发展目标，考虑京津冀地区发电情况，张春成和赵晓丽（2016）应用 EnergyPLAN 模型量化分析了能源政策导向下未来京津冀地区各种电力转化技术的发电情况。

上述国内外的能源模型在其发展过程中对能源系统综合管理起到了积极的推动作用，对我国能源系统规划也有一定的指导作用。但是能源系统是一个充满复杂性和不确定性的巨系统，上述能源模型很少能够反映系统中的复杂性和不确定性问题。随着经济的发展，可再生能源正逐渐改变着当前能源系统结构，而传统的能源模型在反映这种变化时存在一定的局限性。另外，引进国外理论和技术建立的能源模型，都是基于特定背景下开发的，且一些假设条件与我国能源活动不符，难以为决策者提供科学的支持。

（三）不确定性优化方法研究进展

随着科学技术的不断革新以及人们对自然界和社会认知的加深，现实世界中的规划问题变得越来越复杂，传统规划方法受到了挑战。为了分析和表征综合能源系统优化过程中存在的复杂性和不确定性问题，不确定性优化方法逐渐受到国内外学者的重视。不确定性优化技术可以分为模糊数学规划（Fuzzy Mathematical Programming）、随机数学规划（Stochastic Mathematical Programming）和区间数学规划（Interval Mathematical Programming）三类。

1. 模糊数学规划

模糊数学规划是将模糊集理论引入到基本数学规划中，用于处理系统中的模糊不确定性问题。模糊数学规划大致可以分为模糊弹性规划和模糊可能性规划两类。模糊弹性规划一般是用来解决约束条件是弹性的或目标函数是模糊的规划问题，可通过引入隶属度函数将其转化为常规的规划问题进行求解。模糊可能性规划是将模糊参数引入一般数学模型框架中，用于处理参数的模糊不确定性。

Fabian 和 Stoica（1984）建立了一个由确定的公式和几个模糊隶属函数构成的模型，用于解决模糊整数规划问题。Luhandjula 等（1992）将目标值引入含有模糊参数的目标函数及约束中。Mula 等（2006）建立了一个模糊弹性规划模型，用于生产和物资供应方案的选择。Pishvaee 等（2012）应用可信度模糊规划理论开展了绿色物流设计研究。王德智等（2009）建立了基于模糊规划的串联供水库群联合优化调度模型，并开展了 4 个串联供水库群的实例研究。针对油田开发过程中的不确定性问题，吕明珠（2016）运用模糊规划方法进行了油田开发规划及实例研究。

2. 随机数学规划

基于线性规划和非线性规划的发展和广泛应用，随机数学规划逐步发展并得到完善，能够有效解决系统中含有随机不确定性信息的规划问题。随机规划方法可以分为随机变量出现在目标函数中和随机变量出现在约束条件中两类，包括机会约束规划、两阶段随机规划、多阶段随机规划等。通过在随机规划约束或者目标函数中引入随机因素，并以概率密度函数的形式进行表征，决策的内在不确定性可以在整个模型中得以体现。

Charnes 等（1958）首先提出了概率约束规划（即机会约束规划），用于研究炼油厂的生产和存储问题。Borell（1974）和 Prekopa（1980）进一步推进了随机规划理论的发展，研究了概率规划的可行解集合的凸性与概率测度拟凹性之间的关系。Simic 和 Dabic – Ostojic（2017）提出了区间机会约束规划模型，用于轮胎翻新行业决策的制定。自从 Dantzig 提出了两阶段规划方法后，在过去的几十年里这种方法得到了很大的发展。例如，Kılıç 和 Tuzkaya（2015）构建了基于两阶段规划方法的物流网络设计模型，该模型能够有效反映配送活动中的动态不确定性信息。在多阶段随机规划应用中，Li 等（2006）建立了区间多阶段随机规划模型用于水资源管理。随机鲁棒方法能够捕捉随机事件的风险性，已在一些领域得到了应用。为了应对未来气候变化给水资源系统带来的影响，Mortazavi – Naeini 等（2015）建立了基于随机鲁棒方法的水资源管理模型，用于保障城市供水安全。徐毅等（2012）应用两阶段随机规划方法建立了水质—水量耦合规划模型，为流域内水资源分配和水污染治理提供参考。为了解决日益严重的城市交通拥堵和交通供需矛盾问题，孙华（2014）运用鲁棒优化方法建立了城市交通网络设计模型，并开展了求解算法研究。结合机会约束规划方法和随机模拟技术，梁立达等（2016）建立了海水淡化系统优化调度模型。申梦阳等（2018）基于两阶段随机规划方法建立了绿洲水资源优化配置模型。

3. 区间数学规划

区间数学规划是将系统中的不确定性信息以区间参数形式进行表征，即系统中变量可以表示为一个具有确定上下界的区间范围，而不需要具体的概率分布函数或者模糊隶属函数信息（Huang 等，1992）。随机数学规划和模糊数学规划相比，区间规划大大降低了对数据处理的要求，模型计算过程简化，提高了可操作性。

区间规划在理论和应用方面都取得了很大的进步，已广泛应用于处理各领域系统管理中的不确定性问题。Huang 和 Dan Moore（1993）在灰色规划的基础上提出了区间规划的一种解法，并将之应用于不确定性条件下的水资源规划管理。Zhou 等（2009）针对区间规划提出了一种加强的区间解法，并开展了水资源管理研究。Boloukat 和 Foroud（2016）应用区间线性规划方法开展了微网系统扩容研究，该方法能够有效处理可再生能源固有的随机特性。李鑫等（2013）开发了基于区间规划的土地利用规划模型，并应用于扬州地区，其产出结果能够为区域土地管理规划提供理论支撑。王飞跃等（2019）建立了基于区间规划的不确定性应急资源分配模型，并将之应用于以化工园区为背景的化工事故中。

因区间数学规划只是将系统中的不确定性信息处理成简单的区间形式，会导致一些信息过于简化，进而影响模型解的可行性和适用性。为了弥补这一缺陷，一些学者将区间数学规划与其他不确定性优化方法结合起来，用于处理系统中的复杂性和不确定性问题。例如，Guo等（2010）将区间规划、两阶段随机规划和模糊机会约束规划相耦合用于指导不确定性条件下洪水管理过程中分洪决策的制定。针对大气环境质量管理中存在的多重不确定性因素，Zhen等（2014）开发了区间双重随机整数规划模型，其产出结果为区域大气质量改善提供了技术保障和决策支持。郭怀成等（1999）结合区间规划、模糊规划和多目标，开展了云南洱海流域环境系统管理研究。从改善水资源开发利用模式角度出发，曾雪婷（2015）构建了基于区间随机模糊规划方法体系的水资源管理优化模型，并进行了流域水权交易研究。

4. 不确定性优化方法在能源系统规划中的应用

针对能源系统规划过程中存在的不确定性和复杂性问题，许多学者将不确定性优化方法引入能源系统规划中，开展了一系列研究。Jinturkar和Deshmukh（2011）通过耦合模糊规划和整数规划建立了印度中部地区能源规划模型。Huang等（2016）通过耦合决策树方法和蒙特卡罗模拟法提出了基于两阶段规划的电力规划模型，用于支持我国台湾地区电力系统管理，并与确定性模型的结果进行了比较。Mavromatidis等（2018）利用两阶段随机规划方法建立了分布式能源系统优化模型，并应用于瑞士一个社区的能源系统管理中，通过设置两种二氧化碳减排策略，分析系统的经济性和排放性能之间的权衡关系，获得了多种分布式能源系统配置方案。Yin等（2021）利用区间多阶段随机规划建立了考虑区域间碳补贴的能源系统优化模型，该模型可以处理以区间数和随机变量表征的不确定性问题。通过设置碳补贴、可再生能源发电比重、碳减排等情景，获得了最优的电力生产、系统净成本、装机容量以及碳强度与污染排放策略。

陆悠悠（2014）基于模糊规划建立了山东省能源—经济—环境系统规划模型，模型结果可为山东省能源、经济、环境的协调发展提供对策和指导。郭炜煜和李超慈（2016）考虑了大气污染物和温室气体排放总量控制，整合区间参数规划方法和机会约束规划方法，构建了区域电力—大气耦合系统不确定优化模型，为区域电力一体化环境协同治理提供决策依据。孙朝阳（2016）综合考虑了能源的开采、运输、储存和利用等环节，通过耦合随机排队论和区间两阶段随机规划方法提出了一个两阶段随机排队论规划模型，该模型可以提供不同时期最优的能源分配方案，并帮助决策者分析不确定性条件下随机排队现象对电力能源系统产生的影响。武传宝（2017）通过耦合随机规划、区间规划等开展了基于供需调整的区域能源系统优化管理研究，模型结果可为区域低碳发展和能源结构优化调整提供一定的参考。黄华等（2019）建立了基于模糊规划的电力系统调度模型，得到了碳交易政策以及相关不确定因素下的调度方案。

综上所述，不确定性优化方法不仅在理论研究层面有了长足的发展，而且被广泛应用到水资源及水质、固体废弃物、能源等系统的管理与优化中，用于反映研究系统中存在的各种不确定性因素，为优化决策问题提供了技术支持。但这些理论或者应用对于耦合多种不确定性优化方法的研究还较少。同时，在不确定性优化方法的实际应用上，对于能源系统中可再生能源开发利用的应用也较为缺乏。

（四）能源—水资源关联性研究进展

随着能源与水资源矛盾日益显现，国内外研究学者开展了大量的能—水耦合关系及政策协同研究。Berndes（2002）利用自底向上方法对生物质能源潜力进行了评估，结果表明水资源的竞争需求是重要的约束条件。Ashlynn等（2011）对得克萨斯州发电与水资源的关系进行了量化，研究了不同类型发电设备的需水量，讨论了供水和污水处理系统的能源需求。

Laurent 等（2012）对西班牙水能关系的现状进行了评估，介绍了西班牙地区在水资源利用循环中消耗的能源以及能源利用过程中的水资源消耗。Nair 等（2014）从能—水关联的视角开展了城市水资源系统与能源消耗、温室气体排放的关系研究。Zhang 和 Vesselinov（2016）将两层规划集成到能—水关系管理中，建立了两层决策模型。通过引入交互式模糊优化方法，寻求满足两级决策者总体满意度的满意解。该模型能够有效解决和量化能—水关系管理中两级决策者之间的权衡问题。

高津京（2012）分析了我国电力生产与水资源利用间的关系，并为基于水—能关联的水资源与能源可持续利用提出了建议。马丁和陈文颖（2014）耦合了能源系统与水资源系统，基于 TIMES–Water 模型分析了征收水费对电力部门的影响。唐霞和曲建升（2015）立足我国水资源与能源生产现状，分析了能源生产与水资源存在的供需矛盾，并提出了相应的对策建议。左其亭等（2016）立足于可持续发展理念，探讨了能源系统、水资源系统、能—水关联的和谐发展途径，并提出了具体的发展措施。冯翠洋（2016）基于投入产出技术建立了中国能源供应的水足迹测算模型，对不同年份中国能源供应的水足迹进行了对比分析，建立了山西省能—水政策协同仿真模型。

综上可知，现有的能源与水资源的关联研究多是能源与水资源之间的纽带关系和协同发展策略研究，侧重采用确定性方法分析或半定量描述能源活动过程中水资源需求消耗情况，未将能源系统配置过程中的水资源消耗问题纳入区域能源系统优化管理的范畴内。

（五）研究述评

总体来说，国内外研究在可再生能源发展、能源系统规划模型、不确定性优化方法以及能源—水资源关联性研究方面都取得了一定的发展，但同时也存在一些问题。从可再生发展目标和相应的政策研究来看，这些研究主要以定性分析为主，缺乏有效的定量分析。从能源模型研究进展来看，这些用于全球、国家和区域范围内的能源模型能够对能源系统进行短期或者中长期的规划，并能够在一定程度上解决能源系统发展、环境污染和气候变化等问题，对不同尺度的能源系统综合管理起到了积极的推动作用，为相关能源政策的制定和能源管理综合决策提供了相应的支持。但是，国外的能源模型在实际应用过程中，很多模型参数的设定和基线情景的假设无法准确反映我国能源系统以煤炭消耗为主、可再生能源发电比重小、能源利用率低等实际状况，且这些能源模型对系统中的复杂性和不确定性问题的研究很少。另外，现有的不确定性优化方法研究大多局限对能源系统内部的分析，不能从整体上反映系统与经济、政策、环境等要素之间复杂的互动关系。同时，已有的能源与水资源的关联研究多侧重于采用确定性方法分析或描述能源与水资源的关系，难以平衡和解决区域发展与能源配置、水资源消耗之间的冲突与矛盾。

三、研究思路与框架

本书主要针对不确定条件下区域能源—环境系统可持续发展建模问题开展研究，包括五个方面的内容：基于结构调整的区域电力系统优化模型及策略研究、可再生能源发电目标约束下的电力规划模型研究、不同上网电价补贴情景下的电力系统优化研究、典型区域能源—环境系统规划管理模型研究、能源—水资源关联模式下区域能源系统优化模型研究。本书具体研究思路如图 1 - 1 所示。

第一章绪论。阐述本书的研究背景、相关研究现状，充分表明本书的重要性和必要性，介绍本书的主要思路以及结构。

第二章基于结构调整的黑龙江省电力系统优化模型及策略研究。通过全方位辨识黑龙江省电力系统结构、电力供需关系、环境质量压力等多方面因素，利用区间规划和两阶段随机规划，构建黑龙江省动态不确定性电力行业协同减排优化模型，实现主要大气污染物及温室气体协同减排。

第三章可再生能源发电目标约束下的山东省电力规划模型研究。基于山东省电力系统复杂性的辨识，通过耦合区间规划、两阶段随机规划和随机鲁棒规划，建立山东省电力规划模型，从提升可再生能源发电比例角度出发，探讨不同情景下电力生产决策，对未来山东省电力结构的优化与调整提供一定的参考。

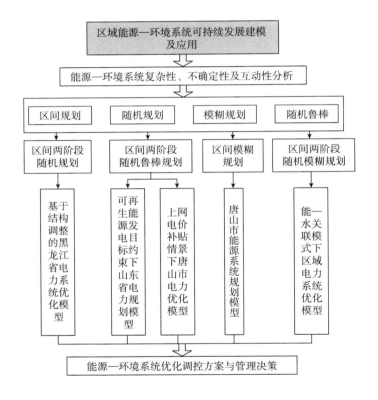

图 1-1　本书研究思路

第四章不同上网电价补贴情景下的唐山市电力系统优化研究。结合唐山市的电力发展情况，基于开发的区间两阶段随机鲁棒—整数规划方法，综合考虑新能源发电补贴政策的影响，建立唐山市电力系统规划模型，探讨不同上网电价补贴政策下唐山市电力系统优化配置方案。

第五章基于区间模糊混合整数规划的唐山市能源系统管理研究。针对唐山市能源环境系统中存在的突出问题，统筹规划可再生能源发展，构建基于区间模糊混合整数规划的唐山市能源系统管理模型，产出能源供应、能源转化技术生产、扩容与污染物削减等方案，为区域能源系统合理规划提供技术支撑和理论支持。

第六章能—水关联模式下区域电力系统优化研究。通过分析电力系统能源消耗与水资源利用的互动耦合关系，耦合区间规划、两阶段随机规划和模糊可信度规划方法，建立能—水关联模式下区域电力系统优化配置模型，以解决区域电力系统发展与能源消耗、水资源利用、环境要求之间的矛盾。

第二章
基于结构调整的黑龙江省电力
系统优化模型及策略研究

一、研究背景

　　当前我国的电力结构是火力发电占主导地位，火电装机容量所占比例达到70%以上，风电、水电、光伏发电等新能源发电技术所占比例较小，单一的电力结构使我国能源系统高度依赖煤炭、石油等化石燃料，这就导致未来将要面临资源短缺、能源供需危机所带来的巨大压力，同时化石燃料在利用过程中会产生大量二氧化硫、氮氧化物等大气污染物以及温室气体，给生态环境以及节能减排事业带来严峻的考验。随着我国经济社会的进一步发展，未来能源消费危机将继续加剧，高能耗、低产出的"粗放式"能源开发利用方式将是我们亟须攻克的发展难题。特别是在作为我国重要的能源生产基地黑龙江省，以一次能源为主导的能源结构使得黑龙江省面临着大气环境控制、温室气体减排的双重巨大压力，因此，以环境友好为理念，科学、有效、合理地对能源系统特别是电力系统进行规划具有重要的战略意义。

二、研究方法

区间两阶段随机规划方法（ITSP）是区间参数规划（IPP）和两阶段随机规划（TSP）两种方法耦合而来的，图2-1为ITSP方法结构。这两种方法都对新方法（ITSP）在处理系统不确定性方面给予了独特的贡献，如两阶段随机规划（TSP）擅长对概率分布和政策影响进行处理，区间参数规划（IPP）则擅长表达离散区间的不确定性。在建模框架内运用区间两阶段随机规划方法（ITSP）对模型进行求解，在不同的情景下提供可行可靠的解决方案，这将为决策者提供决策建议。

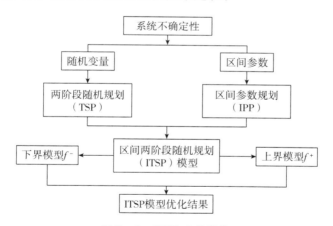

图2-1　ITSP方法结构

其中，两阶段随机规划（Two-stage Stochastic Progamming，TSP）是指在随机事件发生之前，首先根据经验制定一个决策（如电力系统中决策者对规划期内各个电力转换技术的发电量预先做出决策，设定一个初始发电目标），待随机事件发生之后，为了最小化因任何不可行性可能出现的"惩罚"，第二阶段决策将被制定，用于修正第一阶段的经验性决策。基本的两阶段随机规划（TSP）模型表达如下：

$$z = \min C^T X + E_{\omega \in \Omega}[Q(X, \omega)] \tag{2-1}$$

约束条件：

$$Q(X, \omega) = \min f(x)^T y \tag{2-2}$$

$$D(\omega)y \geq h(\omega) + T(\omega)x \tag{2-3}$$

$$x \in X \tag{2-4}$$

$$y \in Y \tag{2-5}$$

其中，$C \subseteq R^{n_1}$、$X \subseteq R^{n_1}$、$Y \subseteq R^{n_2}$ 和 ω 是概率空间中的一个随机变量，(Ω, F, P) 中 $\Omega \rightarrow R^k$，$f: \Omega \rightarrow R^{n_2}$，$D: \Omega \rightarrow R^{m_2 \times n_2}$，且 $T: \Omega \rightarrow R^{m_2 \times n_1}$。通过让随机变量 ω_h 在概率水平 P_h（$h = 1, 2, \cdots, s$ 和 $\sum P_h = 1$）下进行离散化，模型（2-1）可以等价地转化为一个线性规划模型。模型（2-1）~模型（2-5）可以处理系统中右手边为概率分布，左手边和目标函数中的系数都是确定的不确定性问题。然而，在现实世界中的优化问题，由于对信息质量的要求程度较低且较容易获取，因此用区间数表示不确定性有广泛的适用性。因此，通过引入区间参数规划用区间数的形式来量化这些不确定性，模型（2-1）~模型（2-5）就转化为下面的区间两阶段随机规划（ITSP）模型：

$$\text{Min} f^{\pm} = C_{T_1}^{\pm} X^{\pm} + \sum_{h=1}^{s} p_h D_{T_2}^{\pm} Y^{\pm} \tag{2-6}$$

约束条件：

$$A_r^{\pm} X^{\pm} \leq B_r^{\pm}, \ r \in M, \ M = 1, 2, \cdots, m_1 \tag{2-7}$$

$$A_i^{\pm} X^{\pm} + A_i^{\pm \prime} Y^{\pm} \geq \widetilde{w}_{ih}^{\pm}, \ i \in M; \ M = 1, 2, \cdots, m_2; \ h = 1, 2, \cdots, s \tag{2-8}$$

$$x_j^{\pm} \geq 0, \ x_j^{\pm} \in X^{\pm}, \ j = 1, 2, \cdots, n_1 \tag{2-9}$$

$$y_{jh}^{\pm} \geq 0, \ y_{jh}^{\pm} \in Y^{\pm}, \ j = 1, 2, \cdots, n_2; \ h = 1, 2, \cdots, s \tag{2-10}$$

其中，$A_r^{\pm} \in \{R^{\pm}\}^{m_1 \times n_1}$，$A_i^{\pm} \in \{R^{\pm}\}^{m_2 \times n_2}$，$B_r^{\pm} \in \{R^{\pm}\}^{m_1 \times 1}$，$C_{T_1}^{\pm} \in \{R^{\pm}\}^{1 \times n_1}$，$D_{T_2}^{\pm} \in \{R^{\pm}\}^{1 \times n_2}$，$X^{\pm} \in \{R^{\pm}\}^{n_1 \times 1}$，$Y^{\pm} \in \{R^{\pm}\}^{n_2 \times 1}$，$\{R^{\pm}\}$ 表示一组区间参数或者变量；"$\pm$"表示区间值特征；上标"$-$"和"$+$"表示区

间参数或变量的下界和上界。模型(2-6)~模型(2-10)可以转化为两个确定性模型对应的目标函数值的上下界。f^- 对应的系统目标函数值将被最优先考虑，因为要保证系统最大程度地减少成本。计算 f^- 的子模型如下（假设 $B^\pm \geq 0$，$f^\pm \geq 0$）：

$$\text{Min} f^- = \sum_{j=1}^{k_1} c_j^- x_j^- + \sum_{j=k_1+1}^{n_1} c_j^- x_j^+ + \sum_{h=1}^{s} p_h \left(\sum_{j=1}^{k_2} d_j^- y_{jh}^- + \sum_{j=k_2+1}^{n_2} d_j^- y_{jh}^+ \right)$$

$$(2-11)$$

约束条件：

$$\sum_{j=1}^{k_1} |a_{rj}|^+ \text{sign}(a_{rj}^+) x_j^- + \sum_{j=k_1+1}^{n_1} |a_{rj}|^- \text{sign}(a_{rj}^-) x_j^+ \leqslant b_r^-, \forall r \quad (2-12)$$

$$\sum_{j=1}^{k_1} |a_{ij}|^+ \text{sign}(a_{ij}^+) x_j^- + \sum_{j=k_1+1}^{n_1} |a_{ij}|^- \text{sign}(a_{ij}^-) x_j^+ +$$

$$\sum_{j=1}^{k_2} |a'_{ij}|^+ \text{sign}(a'^+_{ij}) y_{jh}^- + \sum_{j=k_2+1}^{n_2} |a'_{ij}|^- \text{sign}(a'^-_{ij}) y_{jh}^+ \geqslant \widetilde{w}_{ih}, \forall i,h$$

$$(2-13)$$

$$x_j^- \geqslant 0, \ j=1, 2, \cdots, k_1 \qquad (2-14)$$

$$x_j^+ \geqslant 0, \ j=k_1+1, k_1+2, \cdots, n_1 \qquad (2-15)$$

$$y_{jh}^- \geqslant 0, \ j=1, 2, \cdots, k_2 \qquad (2-16)$$

$$y_{jh}^+ \geqslant 0, \ j=k_2+1, k_2+2, \cdots, n_2 \qquad (2-17)$$

其中，$x_j^\pm$，$j=1, 2, \cdots, k_1$ 是目标函数中正系数区间变量；$x_j^\pm$，k_1+1，k_1+2，$\cdots$，n_1 是负系数区间变量；$y_{jh}^\pm$，$j=1, 2, \cdots, k_2$ 和 $h=1, 2, \cdots, s$ 是目标函数中正系数随机变量；$y_{jh}^\pm$，$j=k_2+1$，k_2+2，$\cdots$，n_2 和 $h=1, 2, \cdots, s$ 是负系数随机变量。$x_{j\,opt}^-(j=1, 2, \cdots, k_1)$，$x_{j\,opt}^+(j=k_1+1, k_1+2, \cdots, n_1)$，$y_{jh\,opt}^-$（$j=1, 2, \cdots, k_2$），$y_{jh\,opt}^+(j=k_2+1, k_2+2, \cdots, n_2)$ 可以通过模型(2-11)~模型(2-17)求解。通过以上方法，计算 f^+ 的子模型可表示为：

$$\text{Min} f^+ = \sum_{j=1}^{k_1} c_j^+ x_j^+ + \sum_{j=k_1+1}^{n_1} c_j^+ x_j^- + \sum_{h=1}^{s} p_h \left(\sum_{j=1}^{k_2} d_j^+ y_{jh}^+ + \sum_{j=k_2+1}^{n_2} d_j^+ y_{jh}^- \right)$$

$$(2-18)$$

约束条件：

$$\sum_{j=1}^{k_1} |a_{rj}|^- \operatorname{sign}(a_{rj}^-) x_j^+ + \sum_{j=k_1+1}^{n_1} |a_{rj}|^+ \operatorname{sign}(a_{rj}^+) x_j^- \leqslant b_r^-, \forall r$$

$$\sum_{j=1}^{k_1} |a_{ij}|^- \operatorname{sign}(a_{ij}^-) x_j^+ + \sum_{j=k_1+1}^{n_1} |a_{ij}|^+ \operatorname{sign}(a_{ij}^+) x_j^- +$$

$$\sum_{j=1}^{k_2} |a'_{ij}|^- \operatorname{sign}(a'^-_{ij}) y_{jh}^+ + \sum_{j=k_2+1}^{n_2} |a'_{ij}|^+ \operatorname{sign}(a'^+_{ij}) y_{jh}^- \geqslant \widetilde{w}_{ih}^+, \forall i, h$$

$$(2-19)$$

$$x_j^+ \geqslant x_{jopt}^-, \quad j = 1, 2, \cdots, k_1 \tag{2-20}$$

$$x_{jopt}^+ \geqslant x_j^- \geqslant 0, \quad j = k_1 + 1, k_1 + 2, \cdots, n_1 \tag{2-21}$$

$$y_{jh}^+ \geqslant y_{jhopt}^-, \quad j = 1, 2, \cdots, k_2, \quad \forall h \tag{2-22}$$

$$y_{jhopt}^+ \geqslant y_{jh}^- \geqslant 0, \quad j = k_2 + 1, k_2 + 2, \cdots, n_2, \quad \forall h \tag{2-23}$$

$x_{jopt}^+ (j = 1, 2, \cdots, k_1)$, $x_{jopt}^- (j = k_1 + 1, k_1 + 2, \cdots, n_1)$, $y_{jhopt}^+ (j = 1, 2, \cdots, k_2)$, $y_{jhopt}^- (j = k_2 + 1, k_2 + 2, \cdots, n_2)$ 可以通过模型（2-18）~模型（2-23）求解。通过整合模型（2-11）~模型（2-17）和模型（2-18）~模型（2-23）的解，可以得到模型（2-6）~模型（2-10）区间解。

三、案例研究

（一）研究系统概述

1. 研究区域概况

黑龙江省位于我国的最东北端，是我国重要的能源工业基地，富含丰富的煤炭和石油资源。黑龙江省是我国纬度最高的省份，位于北纬43°25′~53°33′、东经121°11′~135°05′，北部和东部与俄罗斯接壤，边境线长达

3045 千米，同时西部、南部分别与内蒙古自治区、吉林省接壤。黑龙江省地域面积广阔，总面积达 47.3 万平方千米，约占全国国土总面积的 1/20，全境南北长约 1120 千米，东西宽约 930 千米。黑龙江省地貌多样，北部和东南部以山地为主，东北部和西南部多由平原和水面构成。海拔高度在 300 米以上的山地丘陵地带约占全省面积的 35.8%，平均海拔 50～200 米，三江平原与松嫩平原占全省总面积的 37.0%。

黑龙江省管辖 13 个地级市行政辖，18 个县级市、45 个县，截止到 2013 年，全省拥有常住人口 3835 万人。随着改革开放的全面推进，黑龙江省的经济发展水平得到了迅猛发展（见图 2－2），截止到 2014 年底，全省经济生产总值（GDP）达到 15039.4 亿元。未来随着中蒙俄经济走廊的不断建设，黑龙江省的经济将迎来新一轮的高速发展。

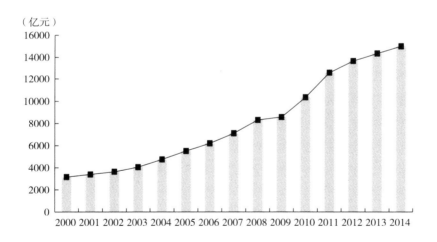

图 2－2　2000～2014 年黑龙江省经济生产总值

黑龙江省有着丰富的能源资源，是我国重要的能源工业基地。作为我国主要煤炭生产和调出大省，黑龙江省煤炭探明储量达到 236.7 亿吨，其中保有储量 219.8 亿吨，占东北三省总储量的 73%，其中鸡西市、鹤岗市、双鸭山市、七台河市都是全国著名的煤炭资源城市。黑龙江省还有着丰富的石油资源，省内的大庆油田是我国第一大石油生产基地，其石油勘探范围达到 72 万平方千米，占全国陆地面积的 1/13，已探明含油面积 4415.8 平方千米，石油地质储量达 55.87 亿吨，探明含天然气面积 472.3 平方米，天然气含伴生气储量达到 574.43 亿立方米。

在水资源方面，黑龙江省拥有黑龙江、松花江、乌苏里江和绥芬河四大水系，拥有兴凯湖、境泊湖、五大连池等较大湖泊，流域面积达到 50 平方千米以上的河流有 1900 多条，蕴含了丰富的水资源，黑龙江省实测资料显示，全省平均地表水资源量为 686.0 亿立方米，平均地下水资源量为 297.44 亿立方米。此外，黑龙江省拥有丰富的风能资源，初步估计风力资源可达到 1723 万千瓦时，且风力资源分布广、风速高、空气清洁、稳定性好，适合大规模发展风力发电建设。黑龙江全省日照时数在 1400～2200 小时，每平方米接收全年太阳能辐射值相当于 140～170 吨标准煤燃烧所发出的热量。由于太阳能发电起步较晚，发电技术仍不够成熟，缺乏稳定性，太阳能的利用还没有被大范围推广。

作为我国重要的资源产出基地，自全面推进工业化战略以来，黑龙江省延续着能耗高、效率低、污染重的粗放型经济发展模式，逐步形成了以煤炭为主导地位的能源格局，煤炭在一次能源消费中所占比重逐年提高，如图 2－3 所示。黑龙江省的煤炭、石油资源消费主要通过本地生产的途径完成供给，在满足自身需求的前提下，过盈部分可向外省调出或对外出口。

2. 黑龙江省电力系统现状

作为我国重要的能源基地，黑龙江省有着丰富的电力资源，电力作为国民经济的先行产业，进入 21 世纪以来得到了飞速发展。随着改革开放的全面深入，黑龙江省经济迎来了高速增长期，全社会的电力需求日趋增加，电力建设已经成为推动经济前进的重要战略性保障。改革开放 40 多年来，黑龙江电力工业先后经历了多家办电、集资办电等政策，通过各方努力不断使发展跨上新的台阶。全省电力装机容量在 500 千瓦的电厂有 200 余座，其中火电厂 147 座火电装机容量达到 18105.9 兆瓦，占所有装机容量的 77%，水电厂 57 座，装机容量达到 94.2 万千瓦，此外，风电作为本省电力事业大力发展，截止到 2014 年，黑龙江省风电装机容量达到 639.8 兆瓦，同比 2013 年增长 2.7%。其中，本省大容量电厂主要分布在中、西部的负荷中心带和东部的富煤坑口地区。

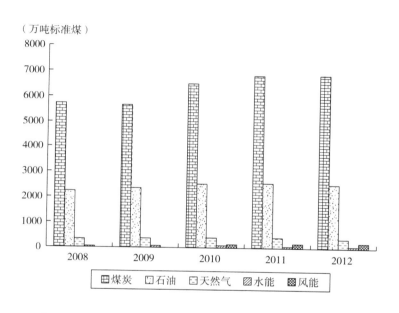

图 2-3 2008~2012 年黑龙江省一次能源消费总量和构成

作为拥有丰富煤炭资源的能源大省，黑龙江省电力结构也比较单一，火电占据其主导地位。近年来，随着能源战略的全面实施，黑龙江省逐步开始关注新能源的发展，致使水电、风电、生物质发电等新能源发电技术的份额逐年上涨，现已逐渐形成以火电为主，多种发电方式并存的电力格局。黑龙江省内的主要发电厂正在被国内"五大发电集团"所掌控，其中华能集团控股了华能鹤岗发电厂和华能大庆新华发电厂，总装机容量达到 200 万千瓦。中国大唐集团在黑龙江拥有 17 家所属企业，装机容量达到 354.2 万千瓦，其中火电机组有大唐哈尔滨第一热电厂、大唐佳木斯第二发电厂、大唐双鸭山热电有限公司、大唐七台河发电有限公司、大唐鸡西热电公司、大唐鸡西第二热电公司等，风电机组有大唐依兰风电公司、大唐桦南风电公司、大唐桦川风电公司、大唐海林风力发电公司4家风电企业。随着未来能源—环境危机的日趋加剧，为满足社会和经济发展的能源需求，黑龙江省各发电集团正在积极有效地寻求电力结构优化，在有限制地发展煤电产业的基础上，扩大生物质能、风能、太阳能、核能等新能源产业的投入开发力度。

随着黑龙江省工业化的全面推进，全省的装机容量、发电量以及全社会电力需求量也随之增加。如图2-4所示，2007～2013年，黑龙江省年发电量稳中有升，但近期趋于平缓甚至下降趋势，虽然发电量由2007年的713.3亿千瓦时增加到2013年的844.0亿千瓦时，增长率达到18.3%，但2012年与2013年的发电增长率仅分别为-0.91%和0.34%。从图中还可以看出，火电发电量占总发电量的比例正在逐年递减，由2007年的98.0%降到了2013年的88.3%，这说明虽然资源优势决定了黑龙江省电力结构将长期以火电为主导，但是大力发展新能源发电已经成为塑造电力新格局的必要途径，黑龙江省在完成经济发展、社会进步的同时，需要新能源给予更加持久的支持。

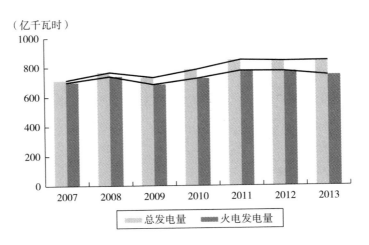

图2-4 2007～2013年黑龙江省总发电量和火电发电量

黑龙江省正处在社会全面发展的关键时期，高速的经济发展也对当前的电力系统提出了更高的要求，当前的电力系统在满足各行业发展和人民生活需求的同时，也面临着严峻的环境问题。燃煤电厂仍是驱动整个社会进步动力的来源，但同时它也是大气污染物以及温室气体的产出大户，这是黑龙江省的能源—环境系统承载力亟须应对的严峻挑战。2012 年，全省一次能源生产总量达到 12640.1 万吨标准煤，是 1970 年这一数字的 2.47 倍，2012 年全省二氧化硫和氮氧化物排放量分别为 51.43 万吨和 78.06 万吨，烟（粉）尘排放量达到 69.93 万吨，环境压力日益严峻。

总体而言，黑龙江省能源问题存在以下几点：随着社会对能源需求量的增加，能源储备量正在迅速减少；基于可持续发展的目标，能源结构仍有待优化；积极推行节能减排行动效果明显，但在碳减排控制方面还有较大潜力；能源管理体制有进一步改革的空间。针对以上问题，结合黑龙江省"十二五"时期对能源与环境的规划要求，本章基于黑龙江省电力结构现状以及未来规划方案，考虑区域电力需求的随机性特点及电力供需水平，通过构建黑龙江省电力优化模型，为黑龙江省开展电力改革及整改提供科学、有效的优化方案，为探讨未来一定时间段内黑龙江省电源结构调整方向以及电力行业污染治理模式调控方式提供理论支持。

（二）黑龙江省电力行业协同减排优化模型

实现黑龙江省电力行业结构调整以及温室气体和大气污染物协同减排在很大程度上依赖于科学合理的优化模型的建立。黑龙江省电力行业协同减排优化模型主要包括能源消费、生产运行、机组扩容、电力外购、污染物协同减排等子系统，模型对各子系统之间的动态性、复杂性和不确定性进行了准确合理的反映。本模型充分考虑黑龙江省电力供需、电源结构、环境治理等实际情况，结合本地区经济、社会、环境等方面的相关发展政策，以黑龙江省整体电力行业的总成本最小化为目标，在满足电力需求的基础上实现不同发电方式的优化配置，调整电力供应结构，对电力行业各环节产生的温室气体及大气污染物进行协同减排控制，改善环境质量，为黑龙江省电力行业制定可持续发展规划提供有效建议。

（三）模型框架

结合黑龙江省电源结构，建立电力行业协同减排优化模型，模型目标主要包括发电能源消费成本、电力生产运行成本、发电机组扩容成本、电力资源外购成本、环境污染物—温室气体协同减排成本，其中发电能源消费成本是指在电力生产过程中消耗一次能源的费用；电力运行成本和发电机组扩容成本都属于电力生产成本；环境污染物—温室气体协同减排成本是指协同控制电力生产、利用过程中产生的二氧化碳、二氧化硫和氮氧化物等污染物的处理费用。系统考虑4种发电方式，分别是火力发电、风力发电、水力发电和光伏发电，以系统总费用最小化为目标，优化模型表达如下：

目标函数：

$$\mathrm{Min}\, f^{\pm} = （1） + （2） + （3） + （4） + （5）\tag{2-24}$$

（1）资源供应费用与外购电力费用：

$$= \sum_{t=1}^{T}（PEC_t^{\pm}Z1_t^{\pm}） + \sum_{t=1}^{T}\sum_{h=1}^{H}p_{th}PIE_t^{\pm}Z2_{th}^{\pm}\tag{2-25}$$

（2）发电运行费用：

$$= \sum_{i=1}^{I}\sum_{t=1}^{T}PV_{it}^{\pm}W_{it}^{\pm} + \sum_{i=1}^{I}\sum_{t=1}^{T}\sum_{h=1}^{H}p_{th}（PV_{it}^{\pm} + PP_{it}^{\pm}）Q_{ith}^{\pm}\tag{2-26}$$

（3）发电机组扩容费用：

$$= \sum_{i=1}^{I}\sum_{t=1}^{T}\sum_{h=1}^{H}p_{th}（A_{it}^{\pm}Y_{ith}^{\pm} + B_{it}^{\pm}X_{ith}^{\pm}）\tag{2-27}$$

（4）大气污染物和二氧化碳协同减排处理费用：

$$= \sum_{i=1}^{I}\sum_{j_s=1}^{n_s}\sum_{t=1}^{T}CS_{j_st}^{\pm}XS_{ij_st}^{\pm} + \sum_{i=1}^{I}\sum_{j_n=1}^{n_n}\sum_{t=1}^{T}CN_{j_nt}^{\pm}XN_{ij_nt}^{\pm} + \sum_{i=1}^{I}\sum_{j_c=1}^{n_c}\sum_{t=1}^{T}CC_{j_ct}^{\pm}XC_{ij_ct}^{\pm}$$

$$\tag{2-28}$$

（5）大气污染物和二氧化碳过量排放处理费用：

$$= \sum_{i=1}^{I} \sum_{j_s=1}^{n_s} \sum_{t=1}^{T} \sum_{h=1}^{H} p_{th} DS_{j_st}^{\pm} YS_{ij_sth}^{\pm} + \sum_{i=1}^{I} \sum_{j_n=1}^{n_n} \sum_{t=1}^{T} \sum_{h=1}^{H} p_{th} DN_{j_nt}^{\pm} YN_{ij_nth}^{\pm} +$$

$$\sum_{i=1}^{I} \sum_{j_c=1}^{n_c} \sum_{t=1}^{T} \sum_{h=1}^{H} p_{th} DC_{j_ct}^{\pm} YC_{ij_cth}^{\pm} \qquad\qquad (2-29)$$

其中，$f^{\pm}$ 表示总成本（万元）；

i 表示发电方式，$i=1$ 为煤电，$i=2$ 为风电，$i=3$ 为水电，$i=4$ 为光伏发电；

t 表示规划时期，$t=1$ 为第一规划期（2011～2015 年），$t=2$ 为第二规划期（2016～2020 年）；

h 表示电力需求水平，分别为高、中、低；

j_s 表示 SO_2 处理技术，j_n 表示 NO_x 处理技术，j_c 表示 CO_2 处理技术；

$PEC_t^{\pm}$ 表示第 t 时期煤炭的价格（万元/万吨）；

$Z1_t^{\pm}$ 表示 t 时期发电消耗煤炭量（万吨）；

p_{th} 表示在 t 时期需求水平 h 对应的概率（%）；

$PIE_t^{\pm}$ 表示 t 时期外购电力价格（万元/GWh）；

$Z2_{th}^{\pm}$ 表示 t 时期需求水平 h 下外购电量（GWh）；

$PV_{it}^{\pm}$ 表示 t 时期发电方式 i 的运行成本（万元/GWh）；

$W_{it}^{\pm}$ 表示 t 时期发电方式 i 初始发电目标（GWh）；

$PP_{it}^{\pm}$ 表示 t 时期随机电力需求确定后发电方式额外运行成本（万元/GWh）；

$Q_{ith}^{\pm}$ 表示 t 时期发电方式 i 在需求水平 h 下的额外发电量（GWh）；

$A_{it}^{\pm}$ 表示 t 时期发电方式 i 扩容的固定成本（万元/GWh）；

$Y_{ith}^{\pm}$ 表示 t 时期发电方式 i 在需求水平 h 下扩容二元变量；

$B_{it}^{\pm}$ 表示 t 时期发电方式 i 扩容的可变成本（万元/GWh）；

$X_{ith}^{\pm}$ 表示 t 时期发电方式 i 在需求水平 h 下扩容量（GW）；

$CS_{j_st}^{\pm}$ 表示 t 时期 j_s 方式 SO_2 的处理费用（万元/万吨）；

$XS_{ij_st}^{\pm}$ 表示 t 时期发电方式 i 利用 j_s 方式 SO_2 的减排量（万吨）；

$CN_{j_nt}^{\pm}$ 表示 t 时期 j_n 方式 NO_x 的处理费用（万元/万吨）；

$XN_{ij_nt}^{\pm}$ 表示 t 时期发电方式 i 利用 j_n 方式 NO_X 的减排量（万吨）；

$CC_{j_ct}^{\pm}$ 表示 t 时期 j_c 方式 CO_2 的处理费用（万元/万吨）；

$XC_{ij_ct}^{\pm}$ 表示 t 时期发电方式 i 利用 j_c 方式 CO_2 的减排量（万吨）；

$DS_{j_st}^{\pm}$ 表示 t 时期 j_s 方式 SO_2 的超排惩罚费用（万元/万吨）；

$YS_{ij_sth}^{\pm}$ 表示 t 时期发电方式 i 利用 j_s 方式在需求水平 h 下 SO_2 的超排量（万吨）；

$DN_{j_nt}^{\pm}$ 表示 t 时期 j_n 方式 NO_X 的超排惩罚费用（万元/万吨）；

$YN_{ij_nth}^{\pm}$ 表示 t 时期发电方式 i 利用 j_n 方式 NO_X 的超排量（万吨）；

$DC_{j_ct}^{\pm}$ 表示 t 时期 j_c 方式在需求水平 h 下 CO_2 的超排惩罚费用（万元/万吨）；

$YC_{ij_cth}^{\pm}$ 表示 t 时期发电方式 i 利用 j_c 方式在需求水平 h 下 CO_2 的超排量（万吨）。

基于黑龙江省电力结构、电力供需现状以及电力开发运行过程所带来的环境问题，兼顾资源、环境以及经济性之间的作用机制，模型约束主要包括：①一次能源消耗约束；②可再生能源消耗约束；③电力供需平衡约束；④电力生产扩容约束；⑤电力生产能力约束；⑥环境容量约束等。具体约束条件如下：

（1）一次能源消耗约束：

$$(W_{1t}^{\pm} + Q_{1th}^{\pm})FE_{1t}^{\pm} \leqslant Z1_t^{\pm}, \quad \forall t, h \qquad (2-30)$$

（2）可再生能源消耗约束：

$$(W_{2t}^{\pm} + Q_{2th}^{\pm})FE_{2t}^{\pm} \leqslant UPH_t^{\pm}, \quad \forall t, h \qquad (2-31)$$

$$(W_{3t}^{\pm} + Q_{3th}^{\pm})FE_{3t}^{\pm} \leqslant UPW_t^{\pm}, \quad \forall t, h \qquad (2-32)$$

$$(W_{4t}^{\pm} + Q_{4th}^{\pm})FE_{4t}^{\pm} \leqslant UPS_t^{\pm}, \quad \forall t, h \qquad (2-33)$$

（3）电力供需平衡约束：

$$\sum_{i=1}^{I}(W_{it}^{\pm} + Q_{ith}^{\pm} + Z2_{th}^{\pm}) \geqslant D_{th}^{\pm}, \quad \forall t, h \qquad (2-34)$$

（4）电力生产扩容约束：

$$Y_{ith}^{\pm} \begin{cases} = 1, & \text{if capacity expansion is undertaken} \\ = 0, & \text{if otherwise} \end{cases}, \quad \forall i, t, h \qquad (2-35)$$

$$N_{it} \leqslant X_{ith}^{\pm} \leqslant M_{it} Y_{ith}^{\pm}, \quad \forall i, t, h \qquad (2-36)$$

（5）电力生产能力约束：

$$W_{it}^{\pm} + Q_{ith}^{\pm} \leqslant ST_{it}^{\pm} \cdot \left\{ RC_i + \sum_{t'=1}^{t} X_{ith}^{\pm} \right\}, \forall i, t, h \qquad (2-37)$$

$$W_{it}^{\pm} \geqslant Q_{ith}^{\pm} \geqslant 0, \quad \forall i; \ t; \ h = 1, 2, \cdots, H_t \qquad (2-38)$$

（6）环境容量约束：

$$\sum_{i=1}^{l} \sum_{j_s=1}^{n_s} (1 - \eta_{j_s}^{\pm})(XS_{ij_st}^{\pm} + YS_{ij_sth}^{\pm}) - \left\{ \sum_{i=1}^{l} \sum_{j_n=1}^{n_n} \eta_{j_n}^{\pm} (XN_{ij_nt}^{\pm} + YN_{ij_nth}^{\pm}) \right\} CR_{NS} -$$

$$\left\{ \sum_{i=1}^{l} \sum_{j_c=1}^{n_c} \eta_{j_c}^{\pm} (XC_{ij_ct}^{\pm} + YC_{ij_cth}^{\pm}) \right\} CR_{CS} \leqslant ES_t^{\pm}, \forall t, h \qquad (2-39)$$

$$\sum_{i=1}^{l} \sum_{j_n=1}^{n_n} (1 - \eta_{J_n}^{\pm})(XN_{ij_nt}^{\pm} + YN_{ij_nth}^{\pm}) - \left\{ \sum_{i=1}^{l} \sum_{j_s=1}^{n_s} \eta_{j_s}^{\pm} (XS_{ij_st}^{\pm} + YS_{ij_sth}^{\pm}) \right\} CR_{SN} -$$

$$\left\{ \sum_{i=1}^{l} \sum_{j_c=1}^{n_c} \eta_{j_c}^{\pm} (XC_{ij_ct}^{\pm} + YC_{ij_cth}^{\pm}) \right\} CR_{CN} \leqslant EN_t^{\pm}, \forall t, h \qquad (2-40)$$

$$\sum_{i=1}^{l} \sum_{j_c=1}^{n_c} (1 - \eta_{j_c}^{\pm})(XC_{ij_ct}^{\pm} + YC_{ij_cth}^{\pm}) - \left\{ \sum_{i=1}^{l} \sum_{j_s=1}^{n_s} \eta_{j_s}^{\pm} (XS_{ij_st}^{\pm} + YS_{ij_sth}^{\pm}) CR_{SC} -$$

$$\left\{ \sum_{i=1}^{l} \sum_{j_n=1}^{n_n} \eta_{j_n}^{\pm} (XN_{ij_nt}^{\pm} + YN_{ij_nth}^{\pm}) \right\} CR_{NC} \leqslant EC_t^{\pm}, \forall t, h \qquad (2-41)$$

（7）非负约束：

$$Z1_t^{\pm}, \ Z2_t^{\pm}, \ W_{it}^{\pm}, \ Q_{ith}^{\pm} \geqslant 0, \quad \forall i, t, h \qquad (2-42)$$

其中，$FE_{1t}^{\pm}$ 为 t 时期火力发电单位发电量的煤耗（万吨/GWh）；

$UPH_t^{\pm}$ 表示 t 时期可利用风能发电资源量折合标准煤（万吨）；

$UPW_t^{\pm}$ 表示 t 时期可利用水能发电资源量折合标准煤（万吨）；

$UPS_t^{\pm}$ 表示 t 时期可利用光伏发电资源量折合标准煤（万吨）；

$ST_{it}^{\pm}$ 表示 t 时期发电方式 i 二氧化碳捕集设备运行时间（小时）；

$D_{th}^{\pm}$ 表示 t 时期不同需求水平 h 下电力需求量（GWh）；

N^{it} 表示 t 时期发电方式 i 扩容目标下限（GW）；

M_{it} 表示 t 时期发电方式 i 扩容目标上限（GW）；

$\eta_{j_s}^{\pm}$ 表示利用 j_s 方式 SO_2 的减排效率（%）；

$\eta_{j_n}^{\pm}$ 表示利用 j_n 方式 NO_x 的减排效率（%）；

$\eta_{j_c}^{\pm}$ 表示利用 j_c 方式 CO_2 的减排效率（%）；

CR_{NS} 表示处理 NO_x 时 SO_2 的协同减排率（%）；

CR_{CS} 表示处理 CO_2 时 SO_2 的协同减排率（%）；

CR_{SN} 表示处理 SO_2 时 NO_x 的协同减排率（%）；

CR_{CN} 表示处理 CO_2 时 NO_x 的协同减排率（%）；

CR_{SC} 表示处理 SO_2 时 CO_2 的协同减排率（%）；

CR_{NC} 表示处理 NO_x 时 CO_2 的协同减排率（%）；

$EN_t^{\pm}$ 表示 t 时期 SO_2 的排放限制量（万吨）；

$EN_t^{\pm}$ 表示 t 时期 NO_x 的排放限制量（万吨）；

$EC_t^{\pm}$ 表示 t 时期 CO_2 的排放限制量（万吨）。

（四）模型求解

结合上述区间两阶段随机规划方法，黑龙江省电力行业协同减排优化模型可以分解为上界模型和下界模型进行求解，步骤如下：

1. 上界模型

目标函数：

$$\text{Min} f^{+} = （1）+（2）+（3）+（4）+（5） \tag{2-43}$$

（1）资源供应费用与外购电力费用：

$$= \sum_{t=1}^{T}（PEC_t^{+}Z1_t^{+}）+ \sum_{t=1}^{T}\sum_{h=1}^{H} p_{th}PIE_t^{+}Z2_{th}^{+} \tag{2-44}$$

（2）发电运行费用：

$$= \sum_{i=1}^{I}\sum_{t=1}^{T} PV_{it}^{+}W_{it}^{+} + \sum_{i=1}^{I}\sum_{t=1}^{T}\sum_{h=1}^{H} p_{th}（PV_{it}^{+}+PP_{it}^{+}）Q_{ith}^{+} \tag{2-45}$$

（3）发电机组扩容费用：

$$= \sum_{i=1}^{I}\sum_{t=1}^{T}\sum_{h=1}^{H} p_{th}（A_{it}^{+}Y_{ith}^{+}+B_{it}^{+}X_{ith}^{+}） \tag{2-46}$$

（4）大气污染物和二氧化碳协同减排处理费用：

$$= \sum_{i=1}^{I} \sum_{j_s=1}^{n_s} \sum_{t=1}^{T} CS_{j_s t}^+ XS_{ij_s t}^+ + \sum_{i=1}^{I} \sum_{j_n=1}^{n_n} \sum_{t=1}^{T} CN_{j_n t}^+ XN_{ij_n t}^+ + \sum_{i=1}^{I} \sum_{j_c=1}^{n_c} \sum_{t=1}^{T} CC_{j_c t}^+ XC_{ij_c t}^+$$

$$(2-47)$$

（5）大气污染物和二氧化碳过量排放处理费用：

$$= \sum_{i=1}^{I} \sum_{j_s=1}^{n_s} \sum_{t=1}^{T} \sum_{h=1}^{H} p_{th} DS_{j_s t}^+ YS_{ij_s th}^+ + \sum_{i=1}^{I} \sum_{j_n=1}^{n_n} \sum_{t=1}^{T} \sum_{h=1}^{H} p_{th} DN_{j_n t}^+ YN_{ij_n th}^+ +$$

$$\sum_{i=1}^{I} \sum_{j_c=1}^{n_c} \sum_{t=1}^{T} \sum_{h=1}^{H} p_{th} DC_{j_c t}^+ YC_{ij_c th}^+ \qquad (2-48)$$

约束条件：

（1）一次能源消耗约束：

$$(W_{1t}^+ + Q_{1th}^+) FE_{1t}^+ \leq Z1_t^+, \quad \forall t, h \qquad (2-49)$$

（2）可再生能源消耗约束：

$$(W_{2t}^+ + Q_{2th}^+) FE_{2t}^+ \leq UPH_t^+, \quad \forall t, h \qquad (2-50)$$

$$(W_{3t}^+ + Q_{3th}^+) FE_{3t}^+ \leq UPW_t^+, \quad \forall t, h \qquad (2-51)$$

$$(W_{4t}^+ + Q_{4th}^+) FE_{4t}^+ \leq UPS_t^+, \quad \forall t, h \qquad (2-52)$$

（3）电力供需平衡约束：

$$\sum_{i=1}^{I} (W_{it}^+ + Q_{ith}^+ + Z2_{th}^+) \geq D_{th}^+, \forall t, h \qquad (2-53)$$

（4）电力生产扩容约束：

$$Y_{ith}^+ \begin{cases} = 1, & \text{if capacity expansion is undertaken} \\ = 0, & \text{if otherwise} \end{cases}, \quad \forall i, t, h \qquad (2-54)$$

$$N_{it} \leq X_{ith}^+ \leq M_{it} Y_{ith}^+, \quad \forall i, t, h \qquad (2-55)$$

（5）电力生产能力约束：

$$W_{it}^+ + Q_{ith}^+ \leq ST_{it}^+ \left\{ RC_i + \sum_{t'=1}^{t} X_{ith}^+ \right\}, \forall i, t, h \qquad (2-56)$$

$$W_{it}^+ \geq Q_{ith}^+ \geq 0, \quad \forall i; t; h = 1, 2, \cdots, H_t \qquad (2-57)$$

（6）环境容量约束：

$$\sum_{i=1}^{I}\sum_{j_s=1}^{n_s}(1-\eta_{j_s}^-)(XS_{ij_st}^+ + YS_{ij_sth}^+) - \left\{\sum_{i=1}^{I}\sum_{j_n=1}^{n_n}\eta_{j_n}^-(XN_{ij_nt}^- + YN_{ij_nth}^-)\right\}CR_{NS} -$$

$$\left\{\sum_{i=1}^{I}\sum_{j_c=1}^{n_c}\eta_{j_c}^-(XC_{ij_ct}^- + YC_{ij_cth}^-)\right\}CR_{CS} \leq ES_t^+, \forall t, h \qquad (2-58)$$

$$\sum_{i=1}^{I}\sum_{j_n=1}^{n_n}(1-\eta_{j_n}^-)(XN_{ij_nt}^+ + YN_{ij_nth}^+) - \left\{\sum_{i=1}^{I}\sum_{j_s=1}^{n_s}\eta_{j_s}^-(XS_{ij_st}^- + YS_{ij_sth}^-)\right\}CR_{SN} -$$

$$\left\{\sum_{i=1}^{I}\sum_{j_c=1}^{n_c}\eta_{j_c}^-(XC_{ij_ct}^- + YC_{ij_cth}^-)\right\}CR_{CN} \leq EN_t^+, \forall t, h \qquad (2-59)$$

$$\sum_{i=1}^{I}\sum_{j_c=1}^{n_c}(1-\eta_{j_c}^-)(XC_{ij_ct}^+ + YC_{ij_cth}^+) - \left\{\sum_{i=1}^{I}\sum_{j_s=1}^{n_s}\eta_{j_s}^-(XS_{ij_st}^- + YS_{ij_sth}^-)\right\}CR_{SC} -$$

$$\left\{\sum_{i=1}^{I}\sum_{j_n=1}^{n_n}\eta_{j_n}^-(XN_{ij_nt}^- + YN_{ij_nth}^-)\right\}CR_{NC} \leq EC_t^+, \forall t, h \qquad (2-60)$$

（7）非负约束：

$$Z1_t^+, Z2_t^+, W_{it}^+, Q_{ith}^+ \geq 0, \forall i, t, h \qquad (2-61)$$

2. 下界模型

目标函数：

$$\text{Min} f^- = (1) + (2) + (3) + (4) + (5) \qquad (2-62)$$

（1）资源供应费用与外购电力费用：

$$= \sum_{t=1}^{T}(PEC_t^- Z1_t^-) + \sum_{t=1}^{T}\sum_{h=1}^{H}p_{th}PIE_t^- Z2_{th}^- \qquad (2-63)$$

（2）发电运行费用：

$$= \sum_{i=1}^{I}\sum_{t=1}^{T}PV_{it}^- W_{it}^- + \sum_{i=1}^{I}\sum_{t=1}^{T}\sum_{h=1}^{H}p_{th}(PV_{it}^- + PP_{it}^-)Q_{ith}^- \qquad (2-64)$$

（3）发电机组扩容费用：

$$= \sum_{i=1}^{I}\sum_{t=1}^{T}\sum_{h=1}^{H}p_{th}(A_{it}^- Y_{ith}^- + B_{it}^- X_{ith}^-) \qquad (2-65)$$

（4）大气污染物和二氧化碳协同减排处理费用：

$$= \sum_{i=1}^{I}\sum_{j_s=1}^{n_s}\sum_{t=1}^{T}CS_{j_st}^- XS_{ij_st}^- + \sum_{i=1}^{I}\sum_{j_n=1}^{n_n}\sum_{t=1}^{T}CN_{j_nt}^- XN_{ij_nt}^- + \sum_{i=1}^{I}\sum_{j_c=1}^{n_c}\sum_{t=1}^{T}CC_{j_ct}^- XC_{ij_ct}^-$$

$$(2-66)$$

（5）大气污染物和二氧化碳过量排放处理费用：

$$= \sum_{i=1}^{I} \sum_{j_s=1}^{n_s} \sum_{t=1}^{T} \sum_{h=1}^{H} p_{th} DS_{j_s t}^{-} YS_{ij_s th}^{-} + \sum_{i=1}^{I} \sum_{j_n=1}^{n_n} \sum_{t=1}^{T} \sum_{h=1}^{H} p_{th} DN_{j_n t}^{-} YN_{ij_n th}^{-} +$$

$$\sum_{i=1}^{I} \sum_{j_c=1}^{n_c} \sum_{t=1}^{T} \sum_{h=1}^{H} p_{th} DC_{j_c t}^{-} YC_{ij_c th}^{-} \qquad (2-67)$$

约束条件：

（1）一次能源消耗约束：

$$(W_{1t}^{-} + Q_{1th}^{-}) FE_{1t}^{-} \leqslant Z1_{t}^{-}, \quad \forall t, \; h \qquad (2-68)$$

（2）可再生能源消耗约束：

$$(W_{2t}^{-} + Q_{2th}^{-}) FE_{2t}^{-} \leqslant UPH_{t}^{-}, \quad \forall t, \; h \qquad (2-69)$$

$$(W_{3t}^{-} + Q_{3th}^{-}) FE_{3t}^{-} \leqslant UPW_{t}^{-}, \quad \forall t, \; h \qquad (2-70)$$

$$(W_{4t}^{-} + Q_{4th}^{-}) FE_{4t}^{-} \leqslant UPS_{t}^{-}, \quad \forall t, \; h \qquad (2-71)$$

（3）电力供需平衡约束：

$$\sum_{i=1}^{I} (W_{it}^{-} + Q_{ith}^{-} + Z2_{th}^{-}) \geqslant D_{th}^{-}, \forall t, h \qquad (2-72)$$

（4）电力生产扩容约束：

$$Y_{ith}^{-} \begin{cases} = 1, & \text{if capacity expansion is undertaken} \\ = 0, & \text{if otherwise} \end{cases}, \quad \forall i, \; t, \; h \qquad (2-73)$$

$$N_{it} \leqslant X_{ith}^{-} \leqslant M_{it} Y_{ith}^{-}, \quad \forall i, \; t, \; h \qquad (2-74)$$

（5）电力生产能力约束：

$$W_{it}^{-} + Q_{ith}^{-} \leqslant ST_{it}^{-} \{ RC_i + \sum_{t'=1}^{t} X_{ith}^{-} \}, \forall i, t, h \qquad (2-75)$$

$$W_{it}^{-} \geqslant Q_{ith}^{-} \geqslant 0, \quad \forall i; \; t; \; h = 1, \; 2, \; \cdots, \; H_t \qquad (2-76)$$

（6）环境容量约束：

$$\sum_{i=1}^{I} \sum_{j_s=1}^{n_s} (1 - \eta_{j_s}^{+})(XS_{ij_s t}^{-} + YS_{ij_s th}^{-}) - \left\{ \sum_{i=1}^{I} \sum_{j_n=1}^{n_n} \eta_{j_n}^{+}(XN_{ij_n t}^{+} + YN_{ij_n th}^{+}) \right\} CR_{NS} -$$

$$\left\{ \sum_{i=1}^{I} \sum_{j_c=1}^{n_c} \eta_{j_c}^{+}(XC_{ij_c t}^{+} + YC_{ij_c th}^{+}) \right\} CR_{CS} \leqslant ES_{t}^{-}, \forall t, h \qquad (2-77)$$

$$\sum_{i=1}^{I} \sum_{j_n=1}^{n_n} (1 - \eta_{j_n}^{+})(XN_{ij_n t}^{-} + YN_{ij_n th}^{-}) - \left\{ \sum_{i=1}^{I} \sum_{j_s=1}^{n_s} \eta_{j_s}^{+}(XS_{ij_s t}^{+} + YS_{ij_s th}^{+}) \right\} CR_{SN} -$$

$$\left\{ \sum_{i=1}^{I} \sum_{j_c=1}^{n_c} \eta_{j_c}^+ (XC_{ij_ct}^+ + YC_{ij_cth}^+) \right\} CR_{CN} \leqslant EN_t^-, \ \forall \, t, h \qquad (2-78)$$

$$\sum_{i=1}^{I} \sum_{j_c=1}^{n_c} (1 - \eta_{j_c}^+)(XC_{ij_ct}^- + YC_{ij_cth}^-) - \left\{ \sum_{i=1}^{I} \sum_{j_s=1}^{n_s} \eta_{j_s}^+ (XS_{ij_st}^+ + YS_{ij_sth}^+) \right\} CR_{SC} -$$

$$\left\{ \sum_{i=1}^{I} \sum_{j_n=1}^{n_n} \eta_{j_n}^+ (XN_{ij_nt}^+ + YN_{ij_nth}^+) \right\} CR_{NC} \leqslant EC_t^-, \ \forall \, t, h \qquad (2-79)$$

（7）非负约束：

$$Z1_t^-, \ Z2_t^-, \ W_{it}^-, \ Q_{ith}^- \geqslant 0, \ \forall \, i, \ t, \ h \qquad (2-80)$$

（五）情景设置

为了更科学地反映未来黑龙江省电力行业发展趋势，合理地进行电力规划，根据黑龙江省"十三五"能源电力规划及发展目标，基于黑龙江电力行业有关结构调整及节能减排相关影响因素，选择两种变化参数——协同减排控制参数和结构调整参数，根据不同的参数组合设定 16 种典型情景（S1 ~ S16），并对其进行研究，通过对比分析准确捕捉不同参数对优化结果的影响程度与趋势，从而有效把握本地区能源系统科学规划的正确方向。

协同减排控制参数是根据黑龙江省电力行业大气污染物排放总量控制目标（主要是 SO_2、NO_X、CO_2）削减变化比例而设定，结构调整参数是根据黑龙江省电力结构中火电发电量所占比例的下调变化而设定。协同减排控制参数设定为污染物排放控制目标量削减 10%、15%、20%、25% 四种参数，结构调整参数设定为火电比例下降 10%、15%、20%、25% 四种水平，两类参数进行互相耦合，生成 S1 ~ S16 的 16 种不同情景，如表 2 - 1 所示。

表 2 - 1　情景设置

情景名称	参数设置	
	协同减排控制参数	结构调整参数
情景 1（S1）	污染物排放控制目标削减 10%	火电比例下降 10%

情景名称	参数设置	
	协同减排控制参数	结构调整参数
情景 2（S2）	污染物排放控制目标削减 15%	火电比例下降 10%
情景 3（S3）	污染物排放控制目标削减 20%	火电比例下降 10%
情景 4（S4）	污染物排放控制目标削减 25%	火电比例下降 10%
情景 5（S5）	污染物排放控制目标削减 10%	火电比例下降 15%
情景 6（S6）	污染物排放控制目标削减 15%	火电比例下降 15%
情景 7（S7）	污染物排放控制目标削减 20%	火电比例下降 15%
情景 8（S8）	污染物排放控制目标削减 25%	火电比例下降 15%
情景 9（S9）	污染物排放控制目标削减 10%	火电比例下降 20%
情景 10（S10）	污染物排放控制目标削减 15%	火电比例下降 20%
情景 11（S11）	污染物排放控制目标削减 20%	火电比例下降 20%
情景 12（S12）	污染物排放控制目标削减 25%	火电比例下降 20%
情景 13（S13）	污染物排放控制目标削减 10%	火电比例下降 25%
情景 14（S14）	污染物排放控制目标削减 15%	火电比例下降 25%
情景 15（S15）	污染物排放控制目标削减 20%	火电比例下降 25%
情景 16（S16）	污染物排放控制目标削减 25%	火电比例下降 25%

四、结果分析与讨论

（一）电量生产分析

为满足社会经济的日益发展，黑龙江省的电力生产量也逐年升高，通过对模型求解可以看到，在第一时期内的黑龙江省总发电量达到

$[585.12，601.44] \times 10^3 GWh$，第二时期达到 $[651.04，668.36] \times 10^3 GWh$，年均增长率超过2.25%。图2-5为两个规划期内不同发电技术的发电量，在满足不同程度的电力需求以及污染物减排标准的情况下，各电力转换技术生产的电量有所不同，火电依然占据本地区电力结构的主导地位，两个时期发电量分别为 $[278.26，283.56] \times 10^3 GWh$ 和 $[378.03，382.15] \times 10^3 GWh$，随着时间的推移，风电、水电、光伏发电等清洁能源的比重也在逐渐扩大。

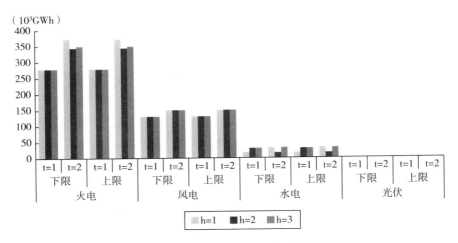

图2-5 两个规划期内不同发电技术的发电量

除对常规模型的求解计算外，通过对本章设置的16个情景进行分析，能更好地反映不同因素对黑龙江省电力系统的影响程度，从而在决策者制定规划时给予正确的方向把握。图2-6~图2-9为不同情景水平下火电、风电、水电、光伏发电的生产量。从不同情景水平下火力发电生产量示意图（见图2-6）中可以看出，情景1~情景12中每4个情景为一个变化周期，发电量分别为 $[278.26，335.05] \times 10^3 GWh$、$[278.26，316.43] \times 10^3 GWh$、$[278.26，297.82] \times 10^3 GWh$ 和 $[266.15，279.21] \times 10^3 GWh$，这说明在火电比例下降20%范围内时，影响火电发电量的因素只与污染物排放控制目标削减量有关，且污染物排放控制目标削减量越大，火电发电量越小。当火电比例下降25%时，如情景13~情景16所示，发电量分别为［278.26，344.12］×10³GWh、［278.26，344.16］×10³GWh、［278.26，297.82］×10³GWh 和［266.15，279.21］×10³GWh，这说明在火电比例下降到一定值时，火电下降比例和污染物排放控制目标削减量就成为火电发电量的共同影响因素。

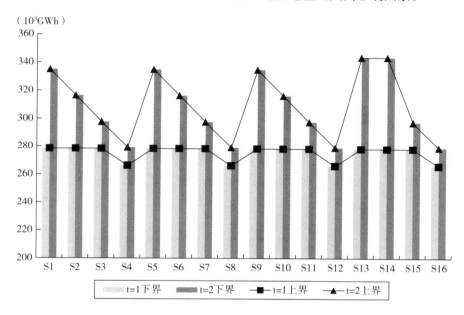

图 2-6 不同情景水平下火力发电的生产量

不同情景下的新能源发电量有着类似的变化趋势，图2-7~图2-9表示不同情景水平下风能、水能和光伏的发电量，从中可以看出，情景1~情景6和情景13~情景14的发电量均相对稳定，风能、水能和光伏的各时期的发电量在［83.53，110.00］×10³GWh、［46.84，58.95］×10³GWh 和［0.80，2.40］×10³GWh 范围内，而在情景7~情景12和情景15~情景16中，各新能源发电量的下界都出现了"骤变"，风能、水能和光伏的下界发电量变化为［48.83，62.78］×10³GWh、［15.00，16.00］×10³GWh、［46.84，58.95］×10³GWh 和［0.80，1.20］×10³GWh。这说明在黑龙江省电力结构中，当火电下调比例超过20%时，会给新能源发电带来

"冲击"，这不但体现在发电量上的快速改变，也给本地区电力行业的节能减排工作带来不小的考验。

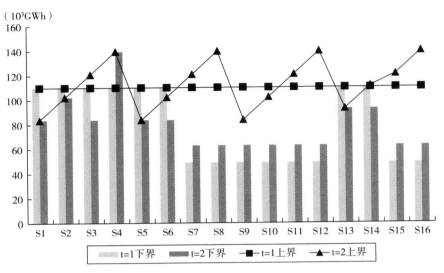

图 2 - 7　不同情景水平下风能发电的生产量

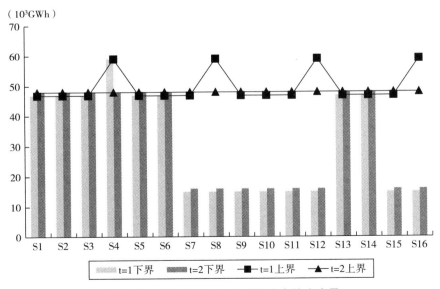

图 2 - 8　不同情景水平下水能发电的生产量

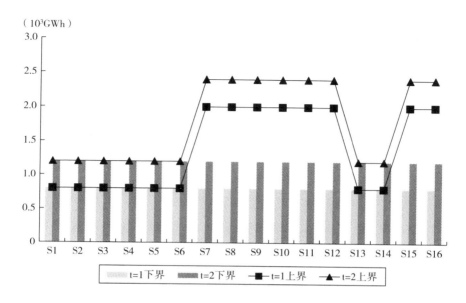

图 2 - 9 不同情景水平下光伏发电的生产量

由于黑龙江省电力结构较为单一,火电持续占据主导地位,新能源发电方式所占比例较低,因此在当火电下降比例和污染物排放控制目标削减量达到一定值时,电力—环境优化系统中各发电方式的发电量会出现突变,这说明在当前黑龙江省污染物减排工作中,工程减排和结构减排的开展仍处于不平衡状态。

(二) 电力生产扩容分析

图 2 - 10 ~ 图 2 - 13 显示的是不同情景下各种发电方式的生产扩容。从中可以看出,火电的扩容量在不同情景下均小于清洁能源,这说明在未来满足环境约束和电力资源需求的双重要求下,清洁能源建设将得到广阔的应用和飞速发展。其中风电和光伏发电将占据扩容计划的主导,情景 1 ~ 情景 4 中,风电的扩容量分别为 [9.23,13.32] GW、[10.30,13.32] GW、[11.32,13.32] GW 和 [11.42,13.32] GW,光伏发电几乎没有扩容,而在情景 8 ~ 情景 16 中,光伏发电扩容量急剧增大,平均扩容上界达

到 29GW，这表明调整火电下降比例在 15% 以内时，风电作为生产扩容的主力，而调整火电下降比例超过 15% 达到 20% 时，扩容计划就变为以光伏发电为主，风电补充的新形势。这主要是因为火力发电产生大量的污染物，对环境存在比较大的影响，水力发电又容易受到资源和技术的约束，不能提供稳定电力输出。而当前黑龙江电力公司高度重视全省分布式光伏发电的建设及并网工作，始终把支持光伏能源的发展作为电力行业的重要战略，因此，大力发展的光伏发电以及运行成熟、稳定的风电会承担较多的扩容任务。

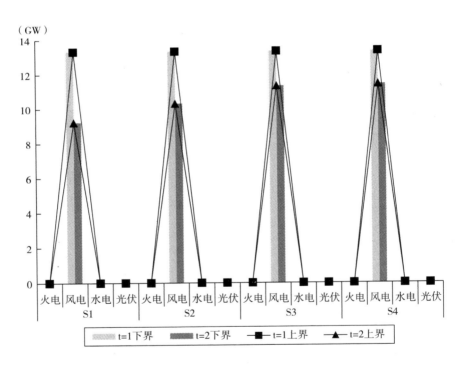

图 2-10　情景 1~情景 4 不同发电方式的生产扩容量

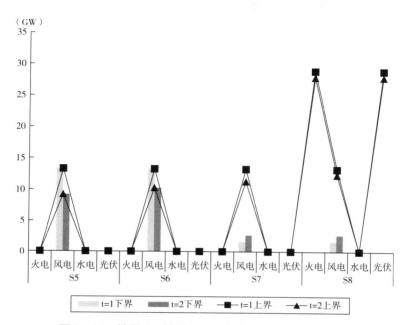

图 2 – 11　情景 5 ~ 情景 8 不同发电方式的生产扩容量

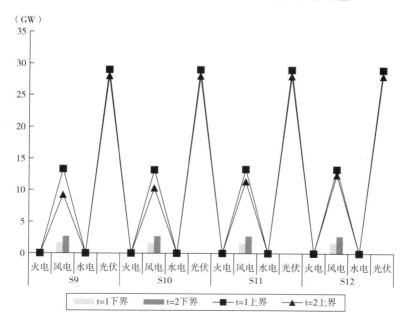

图 2 – 12　情景 9 ~ 情景 12 不同发电方式的生产扩容量

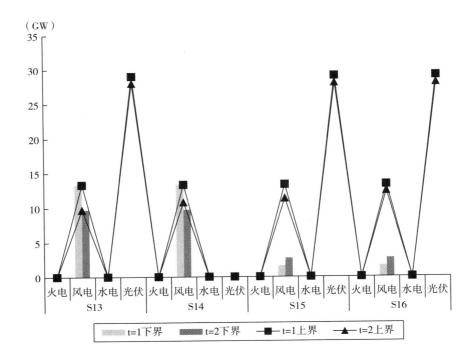

图 2 – 13　情景 13 ~ 情景 16 不同发电方式的生产扩容量

（三）系统成本分析

根据不同的火电下降比例和污染物排放控制目标削减量，本章以系统成本最小化为目标函数，并设置了 16 种分析情景，如图 2 – 14 所示。通过分析对比发现，不同的火电下降比例和污染物排放控制目标削减量不仅影响各种发电方式的电力生产量，同时也和系统总成本有着密切的联系。从图中可以看出，各种情景的成本存在周期性变化规律，其中情景 1 ~ 情景 4 的系统总成本分别为 [345520，345523] ×10⁴ 万元、[345521.5，345524.5] ×10⁴ 万元、[345523，345526] ×10⁴ 万元和 [345524.8，345527.8] ×10⁴ 万元，这说明不同的污染物排放控制目标削减量成为影响系统总成本的主要因素，且削减量越大，系统总成本越高，这是因为当环境约束越严格时，减排的技术投入就越大，导致整体减排任务成本的升高。

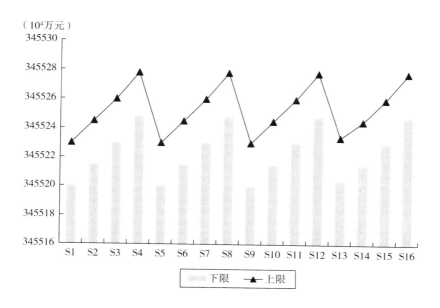

图 2 – 14　系统总成本

（四）协同减排量分析

本章考虑温室气体及大气主要污染物减排工程的协同效应，由于仅仅着眼于末端治理的减排措施将直接面临边际减排成本增加、技术难度升级的压力，而加强温室气体与大气污染物的协同控制将会给污染物减排工作带来明显成效和新的思路。电力行业的协同减排主要源于以燃煤火电行业技术升级改造和末端治理为主的"技术减排"和高效、清洁发电方式代替传统燃煤发电的结构减排，利用这些措施在控制一种污染物排放的同时也减少了其他种类污染物排放。本节考虑了二氧化硫、氮氧化物以及温室气体之间的协同效应，如图 2 – 15 ~ 图 2 – 17 所示为不同情景水平下电力行业各种大气污染物与温室气体的协同减排量。情景 1 的两个时期二氧化硫协同减排量分别为〔232.64，250.77〕万吨和〔264.89，281.53〕万吨，并且在后续情景中逐渐递减，递减至情景4的〔222.51，242.63〕万吨和〔215.36，245.67〕万吨，而后面情景的二氧化硫协同减排量呈此趋势进行周期变化。由于协同效应的存在，不同情景的氮氧化物和温室气体的协同减排量也与二氧化硫协同减排量的变化趋势基本保持一致。这表示，能源系统各污染物的协同减排量与污染物排放总量控制指标有着密切关系，并且总量控制指标越低，污染物的减排量就越小，这不符合所谓"多减排才能高达标"的常规逻辑，说明电力行业的协同减排工作不仅要注重技术措施减排，隐藏在背后的是结构减排的巨大威力，实施电力结构调整，进行清洁能源替代，将是未来缓解电力系统环境压力最有效、最直接的途径。

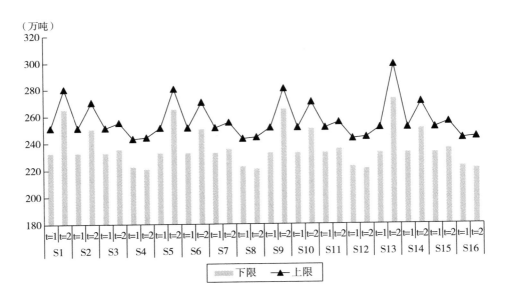

图 2 - 15　不同情景水平下电力行业二氧化硫协同减排量

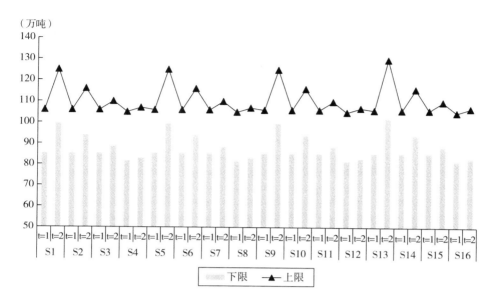

图 2 – 16　不同情景水平下电力行业氮氧化物协同减排量

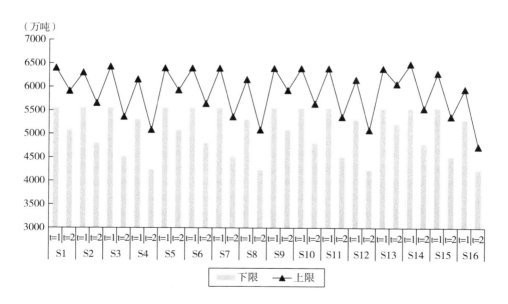

图 2 – 17　不同情景水平下电力行业二氧化碳协同减排量

黑龙江省电力系统在"十四五"期间仍然面临着严峻的节能减排压力，通过实施低碳发展，注重发展清洁能源和新能源，改变能源结构，淘汰小型火电机组，降低煤炭资源的消耗比重，推进"绿色电力龙江"战略，可以有效地减少温室气体以及二氧化硫、氮氧化物等主要大气污染物排放，有效缓解全省能源环境承载力，并且，协同减排发展对中长期节能减排具有显著的多重效应。未来黑龙江省在注重经济快速发展的同时，应该坚持产业结构调整和技术进步并行的原则，不仅要从产业供需、结构、技术创新以及产业发展政策等方面控制温室气体及大气污染物排放，还应该注重企业乃至行业层次的生产管理，在工程减排和结构减排的基础上强化管理减排，同时积极开展碳排放权交易机制。

五、本章小结

本章从黑龙江省电力生产结构以及终端电力需求出发，把握电力行业与环境的发展趋势，基于本地区电力行业节能减排潜力研究，准确捕捉并表达能源系统中的多种复杂性和不确定性问题，构建了黑龙江省动态不确定性电力行业协同减排优化模型。该模型以黑龙江省电力系统总成本费用最小化为目标，其中目标函数涵盖火力发电、风力发电、水力发电、光伏发电四种电力生产技术，约束则主要考虑了电力生产的供需关系、发电资源的限制、电力生产及扩容以及环境控制指标与污染治理等因素。本章模型可以高效地调节优化黑龙江省能源供需关系，对当前电力结构进行规划布局，实现结构多元化、能源高效利用、环境压力降低的目的，为黑龙江省电力行业突破电力、环境、经济三者协调发展的瓶颈提供科学、合理的技术手段。

为了更科学地反映未来黑龙江省电力行业发展趋势，合理地进行电力规划，本章基于黑龙江省电力行业有关结构调整及节能减排相关影响因素，选择两种变化参数——协同减排控制参数和结构调整参数，根据不同的参数组合设定 16 种典型情景。结果表明，在电量生产方面，由于黑龙江省电力结构较为单一，火电持续占据主导地位，新能源发电方式所占比例较低，因此在当火电下降比例和污染物排放控制目标削减量达到一定值时，电力—环境优化系统中各发电方式的发电量会出现突变，这说明在当前黑龙江省污染物减排工作中，工程减排和结构减排的开展仍处于不平衡状态。在电力扩容方面，火电的扩容量在不同情景下均小于清洁能源，这说明在未来满足环境约束和电力资源需求的双重要求下，清洁能源将得到广阔的应用和飞速发展。在系统成本方面，不同的污染物排放控制目标削减量成为影响系统总成本的主要因素，且削减量越大，系统总成本越高，这是因为当环境约束越严格时，减排的技术投入就越大，导致整体减排任务成本的升高。在协同减排量方面，能源系统各污染物的协同减排量与污染物排放总量控制指标有着密切关系，并且总量控制指标越低，污染物的减排量就越小，这并不符合所谓"多减排才能高达标"的常规逻辑，说明电力行业的协同减排工作不仅要注重技术措施减排，隐藏在背后的是结构减排的巨大威力，实施电力结构调整，进行清洁能源替代，将是未来缓解电力系统环境压力最有效、最直接的途径。

综上所述，基于结构调整的黑龙江省电力行业协同减排控制优化模型可以有效处理并表征研究系统中存在的不确定性和复杂性问题，并且可以实现电力结构优化调整，缓解电力生产与环境压力之间的矛盾，为决策者提供科学的理论依据。

第三章
可再生能源发电目标约束下的
山东省电力规划模型研究

一、研究背景

当前，为促进可再生能源发展，我国政府已经明确承诺：到 2020 年和 2030 年，非化石能源占一次能源消费比重将分别达到 15% 和 20%。为保障这一能源发展战略目标的顺利实现，进一步缓解"弃风"、"弃光"问题，国家能源局制定的《关于建立可再生能源开发利用目标引导制度的指导意见》指出：到 2020 年，各发电企业可再生能源发电量（除水电外）应达到总发电量的 9% 以上，不包括专门的非化石能源生产企业。因此，如何在电力系统管理中统筹可再生能源发展、保障电力供应安全、促进电力系统健康发展是电力规划亟须解决的难题。

电力规划是一项复杂的系统工程，涉及发电能源供应、发电技术选择、电力需求预测、电力生产和输送、发电系统改扩建以及环境污染等问题。近年来，国内外学者针对电力系统规划开展了一系列研究。例如，Lotfi 和 Ghaderi（2012）以包含数座火电厂、水电站和风电场的某电力公司为例，利用改进的混合整数线性规划模型对其中期电力规划问题开展了研究，结果表明该模型具有良好的适用性。Pereira 和 Saraiva（2013）针对葡萄牙/西班牙电力系统的过度扩容问题，基于系统动力学开发了以扩容收益最大化为目标的长期机组扩容模型，为各电力公司制定合适的扩容方案提供了参考。张超（2012）根据系统理论，建立了涵盖供电、社会经济发展、能源供给以及环境承载力四个子系统的电力综合资源规划模型，对电厂的装机规模、电源的投资和运行成本以及污染物的排放等问题进行了研究。杜尔顺等（2015）以江苏省电网为例，考虑电网环节的各类低碳要素，建立了基于多场景建模技术的适应低碳电源发展的低碳电网规划模型，为低碳背景下的电网规划决策提供了新的思路。

另外，一些不确定性优化方法被应用到电力—环境管理中，用于解决系统中存在的不确定性和复杂性。其中，整合区间规划和两阶段随机规划的区间两阶段规划（ITSP）模型不但可以反映模型中系数表现为区间和已知概率分布的不确定性，而且能够有效处理预先制定的政策情景下的决策问题。大体上 ITSP 的基本思想是经济追索；基于决策者持风险中立的态度，ITSP 的目标通常是最小化预期系统成本或者最大化预期收益。然而，ITSP 模型也存在一些局限性，如只考虑了第二阶段的预期成本或收益而没有考虑追索值的可变性。当决策者选择系统可靠性而规避风险时，这些限制可能会导致模型不可解；同时，ITSP 不能够充分反映随机事件的风险性，进而影响电力系统的稳定性。

随机鲁棒优化方法（SRO）将风险规避引入到优化方法中，可以获得鲁棒性解，降低了规划过程中的风险性，能够有效地处理上述问题。Malcolm 和 Zenios（1994）构建了基于鲁棒优化的管理模型，用于不确定电力需求下电力系统扩容管理。Chen 等（2013）建立了不确定性鲁棒优化模型用于支持区域尺度能源系统中碳排放管理。整体来说，SRO 适用于综合评估系统经济性和稳定性之间的权衡关系；然而，当模型左边存在大量不确定性信息时，它将会失效。同时，ITSP 能够有效处理模型左边和右边的多重不确定性信息。

因此，本章充分考虑了电力系统中存在的多重复杂性和不确定性问题，重点针对可再生能源开发利用问题以及由诸多因素（如随机事件）导致的系统风险问题，基于区间参数规划、两阶段随机规划和随机鲁棒规划的耦合方法，以山东省为例，构建了可再生能源发电目标约束下的山东省电力规划模型，为其电力系统管理提供决策支持。

二、研究方法

两阶段随机规划方法可以有效地处理以概率分布函数表示的不确定性问题，其主要优势是通过引入追索函数来分析与决策相关的预设政策情景。两阶段模型表示如下：

$$\text{Min} f = C_{T_1} X + \sum_{h=1}^{s} p_h D_{T_2} Y \qquad (3-1)$$

约束条件：

$$A_r X \leqslant B_r, \ r \in M, \ M = 1, \ 2, \ \cdots, \ m_1 \qquad (3-2)$$

$$A_i X + A_i' Y \geqslant \widetilde{w}_{ih}, \ i \in M; \ M = 1, \ 2, \ \cdots, \ m_2; \ h = 1, \ 2, \ \cdots, \ s \qquad (3-3)$$

$$x_j \geqslant 0, \ x_j \in X, \ j = 1, \ 2, \ \cdots, \ n_1 \qquad (3-4)$$

$$y_{jh} \geqslant 0, \ j_{jh} \in Y, \ j = 1, \ 2, \ \cdots, \ n_2; \ h = 1, \ 2, \ \cdots, \ s \qquad (3-5)$$

其中，x_j 和 y_{jh} 分别表示第一阶段、第二阶段的决策变量；h 表示随机事件发生的情景；p_h 表示情景 h 发生的概率水平，$h = 1, \ 2, \ \cdots, \ s$，$\sum_{h=1}^{s} p_h = 1$；$\widetilde{w}_{ih}$ 表示随机变量离散值。

明显地，两阶段规划能够有效捕捉随机不确定性、动态特性以及经济惩罚（如追索或者修正措施）等信息。然而，它不能充分地处理第二阶段预期收益和成本的变化性以及随机事件的风险性。随机鲁棒规划通过整合随机规划和目标规划，将风险规避引入到优化模型中，可以权衡预期追索成本与约束违反之间的关系，从而为系统管理问题提供强健性的解决方案

（Mulve 等，1995）。一般来说，随机鲁棒规划可以表示成如下形式：

$$\text{Min} f = \sum_{h \in H} p_h \xi_h + \omega \sum_{h \in H} p_h \left| \xi_h - \sum_{h' \in H} p_{h'} \xi_{h'} \right| \tag{3－6}$$

约束条件：

$$Ax \leqslant B \tag{3－7}$$

$$C_h x + D_h y_h \leqslant E_h, \ for \ all \ h \in \Omega \tag{3－8}$$

$$x \geqslant 0, \ y_h \geqslant 0, \ for \ all \ h \in \Omega \tag{3－9}$$

其中，A，B，C_h，D_h，$E_h \in \{R^{\pm}\}^{m \times n}$；$p_h$ 代表在 h 情景下的概率水平，$\sum_{h=1}^{H} p_h = 1$；$\Omega = 1, 2, \cdots, h, \cdots, H$；$\xi_h = c^T x + d_h^T y_h$ 为在 p_h 概率下的随机变量；ω 表示权重系数；$\sum_{h \in H} p_h \left| \xi_h - \sum_{h' \in H} p_{h'} \xi_{h'} \right|$ 表示解的强健性。

然而，在许多实际问题管理过程中，决策者应该首先制定发展计划，然后实施相应的经济政策。为了解决上述问题，可以将 TSP 引入 SRO 中形成两阶段随机鲁棒规划模型（TSRP），具体如下所示：

$$\text{Min} f = C_{T_1} X + \sum_{h=1}^{s} p_h D_{T_2} Y + \omega \sum_{h=1}^{s} p_h \left| D_{T_2} Y - \sum_{h=1}^{s} p_h D_{T_2} Y \right| \tag{3－10}$$

约束条件：

$$A_r X \leqslant B_r, \ r \in M, \ M = 1, 2, \cdots, m_1 \tag{3－11}$$

$$A_i X + A'_i Y \geqslant \widetilde{w}_{ih}, \ i \in M; \ M = 1, 2, \cdots, m_2; \ h = 1, 2, \cdots, s \tag{3－12}$$

$$x_j \geqslant 0, \ x_j \in X, \ j = 1, 2, \cdots, n_1 \tag{3－13}$$

$$y_{jh} \geqslant 0, \ y_{jh} \in Y, \ j = 1, 2, \cdots, n_2; \ h = 1, 2, \cdots, s \tag{3－14}$$

其中，$\left| D_{T_2} Y - \sum_{h=1}^{s} p_h D_{T_2} Y \right|$ 表示所求期望与特定情景下的值的偏差；ω 代表非负权重系数，决策者可以通过改变 ω 来控制追索成本的变化（Ahmed 和 Sahinidis，1998）。当 $\omega = 0$，SRO 模型变成一个普通的 TSP 模型（也就是目标函数仅仅是最小化第一阶段和第二阶段的成本），表明决策者对风险持中立态度。伴随着 ω 值的提高，决策者将逐渐重视第二阶段成本的可变性，反对系统风险。为了简化 $\left| D_{T_2} Y - \sum_{h=1}^{s} p_h D_{T_2} Y \right|$，引入目标规

划法使模型(3 - 10)~模型(3 - 14)转化如下(Yu 和 Li,2000):

$$\text{Min} f = C_{T_1} X + \sum_{h=1}^{s} p_h D_{T_2} Y + \omega \sum_{h=1}^{s} p_h \left(D_{T_2} Y - \sum_{h=1}^{s} p_h D_{T_2} Y + 2\theta_h \right)$$

$$(3 - 15)$$

约束条件:

$$D_{T_2} Y - \sum_{h=1}^{s} p_h D_{T_2} Y + \theta_h \geqslant 0 \tag{3 - 16}$$

$$A_r X \leqslant B_r, \ r \in M, \ M = 1, 2, \cdots, m_1 \tag{3 - 17}$$

$$A_i X + A'_i Y \geqslant \widetilde{w}_{ih}, \ i \in M; \ M = 1, 2, \cdots, m_2; \ h = 1, 2, \cdots, s$$

$$(3 - 18)$$

$$x_j \geqslant 0, \ x_j \in X, \ j = 1, 2, \cdots, n_1 \tag{3 - 19}$$

$$y_{jh} \geqslant 0, \ y_{jh} \in Y, \ j = 1, 2, \cdots, n_2; \ h = 1, 2, \cdots, s \tag{3 - 20}$$

其中,θ_h 是一个松弛变量,它可以确保模型解的稳定性和可靠性:如果 $D_{T_2} Y - \sum_{h=1}^{s} p_h D_{T_2} Y \geqslant 0$,则 $\theta_h = 0$;$D_{T_2} Y - \sum_{h=1}^{s} p_h D_{T_2} Y \leqslant 0$,则 $\theta_h = \sum_{h=1}^{s} p_h D_{T_2} Y - D_{T_2} Y$;模型(3 - 16)是一个特殊控制约束。

然而,TSRP 在处理以未知概率分布表征的、存在于约束左边以及目标函数中的独立不确定性问题时存在一定的困难。同时,区间参数规划(IPP)能够处理模型左、右边的不确定性,但是局限解决呈概率分布的不确定性问题(Huang 等,1994)。这样引出了区间两阶段随机鲁棒规划模型(ITSRP),具体形式如下:

$$\text{Min} f^{\pm} = C_{T_1}^{\pm} X^{\pm} + \sum_{h=1}^{s} p_h D_{T_2}^{\pm} Y^{\pm} + \omega \sum_{h=1}^{s} p_h \left(D_{T_2}^{\pm} Y^{\pm} - \sum_{h=1}^{s} p_h D_{T_2}^{\pm} Y^{\pm} + 2\theta_h^{\pm} \right)$$

$$(3 - 21)$$

约束条件:

$$D_{T_2}^{\pm} Y^{\pm} - \sum_{h=1}^{s} p_h D_{T_2}^{\pm} Y^{\pm} + \theta_h^{\pm} \geqslant 0 \tag{3 - 22}$$

$$A_r^{\pm} X^{\pm} \leqslant B_r^{\pm}, \ r \in M, \ M = 1, 2, \cdots, m_1 \tag{3 - 23}$$

$$A_i^{\pm} X^{\pm} + A_i^{\pm\prime} Y^{\pm} \geqslant \widetilde{w}_{ih}^{\pm} , \ i \in M ; \ M = 1 , \ 2 , \ \cdots , \ m_2 ; \ h = 1 , \ 2 , \ \cdots , \ s$$
$$(3-24)$$

$$x_j^{\pm} \geqslant 0 , \ x_j^{\pm} \in X^{\pm} , \ j = 1 , \ 2 , \ \cdots , \ n_1 \tag{3-25}$$

$$y_{jh}^{\pm} \geqslant 0 , \ y_{jh}^{\pm} \in Y^{\pm} , \ j = 1 , \ 2 , \ \cdots , \ n_2 ; \ h = 1 , \ 2 , \ \cdots , \ s \tag{3-26}$$

基于交互式算法，模型（3-21）～模型（3-26）可以转化为对应着预期目标函数值上限、下限的两个子模型。由于目标为最小化系统成本，应首先拆分 f^- 子模型（假设 $B^{\pm} \geqslant 0 , f^{\pm} \geqslant 0$）：

$$\mathrm{Min} f^- = \sum_{j=1}^{k_1} c_j^- (x_j^- + \lambda_j \Delta x_j) + \sum_{h=1}^{s} p_h \left(\sum_{j=1}^{k_2} d_j^- y_{jh}^- + \sum_{j=k_2+1}^{n_2} d_j^- y_{jh}^+ \right) +$$
$$\omega \sum_{h=1}^{s} p_h \left[\left(\sum_{j=1}^{k_2} d_j^- y_{jh}^- + \sum_{j=k_2}^{n_2} d_j^- y_{jh}^+ \right) - \sum_{h=1}^{s} p_h \left(\sum_{j=1}^{k_2} d_j^- y_{jh}^- + \right.\right.$$
$$\left.\left. \sum_{j=k_2+1}^{n_2} d_j^- y_{jh}^+ \right) + 2\theta_h^- \right] \tag{3-27}$$

约束条件：

$$\sum_{j=1}^{k_1} | a_{rj} |^+ \mathrm{sign}(a_{rj}^+)(x_j^- + \lambda_j \Delta x_j) \leqslant b_r^- , \forall r \tag{3-28}$$

$$\sum_{j=1}^{k_1} | a_{rj} |^+ \mathrm{sign}(a_{rj}^+)(x_j^- + \lambda_j \Delta x_j) + \sum_{j=1}^{k_2} | a'_{ij} |^+ \mathrm{sign}(a'_{ij}) y_{jh}^- +$$
$$\sum_{j=k_2+1}^{n_2} | a'_{ij} |^- \mathrm{sign}(a'^-_{ij}) y_{jh}^+ \geqslant \widetilde{w}_{ih}^- , \forall i,h \tag{3-29}$$

$$\left(\sum_{j=1}^{k_2} d_j^- y_{jh}^- + \sum_{j=k_2}^{n_2} d_j^- y_{jh}^+ \right) - \sum_{h=1}^{s} p_h \left(\sum_{j=1}^{k_2} d_j^- y_{jh}^- + \sum_{j=k_2+1}^{n_2} d_j^- y_{jh}^+ \right) + \theta_h^- \geqslant 0 , \ \forall j , \ h$$
$$(3-30)$$

$$x_j^- + \lambda_j \Delta x_j \geqslant 0 , \ j = 1 , \ 2 , \ \cdots , \ k_1 \tag{3-31}$$

$$y_{jh}^- \geqslant 0 , \ j = 1 , \ 2 , \ \cdots , \ n_2 \tag{3-32}$$

$$y_{jh}^+ \geqslant 0 , \ j = k_2 + 1 , \ k_2 + 2 , \ \cdots , \ n_2 \tag{3-33}$$

其中，λ_j，y_{jh}^- 和 y_{jh}^+ 为决策变量，y_{jh}^-，$h = 1 , \ 2 , \ \cdots , \ s$ 和 $j = 1 , 2 , \cdots , k_2$ 为目标函数中系数为正的随机变量，y_{jh}^+，$h = 1 , \ 2 , \ \cdots , \ s$ 和 $j = k_2 + 1 , \ k_2 + 2 , \ \cdots , \ n_2$ 为目标函数中系数为负的随机变量。$y_{jh\ opt}^-$（$j = 1$，

2，$\cdots$，k_2），$y_{jh \ opt}^{+}$（$j = k_2 + 1$，$k_2 + 2$，$\cdots$，n_2）和 λ_{jopt} 可以通过子模型（3-27）~模型（3-33）获得。第一阶段的最优解为 $x_{jopt} = x_j^{-} + \lambda_{jopt} \Delta x_j$（$j = 1$，$2$，$\cdots$，$n_1$）。通过上述求解过程，可得到对应着目标函数上限的 f^{+} 子模型：

$$
\text{Min } f^{+} = \sum_{j=1}^{k_1} c_j^{+} x_{jopt} + \sum_{h=1}^{s} p_h \left(\sum_{j=1}^{k_2} d_j^{+} y_{jh}^{+} + \sum_{j=k_2+1}^{n_2} d_j^{+} y_{jh}^{-} \right) + \omega \sum_{h=1}^{s} p_h
$$

$$
\left[\left(\sum_{j=1}^{k_2} d_j^{+} y_{jh}^{+} + \sum_{j=k_2}^{n_2} d_j^{+} y_{jh}^{-} \right) - \sum_{h=1}^{s} p_h \left(\sum_{j=1}^{k_2} d_j^{+} y_{jh}^{+} + \sum_{j=k_2+1}^{n_2} d_j^{+} y_{jh}^{-} \right) + 2\theta_h^{+} \right]
$$

$$(3-34)$$

约束条件：

$$
\sum_{j=1}^{k_1} |a_{ij}|^{-} \text{sign}(a_{rj}^{-}) x_{jopt} \leqslant b_r^{+}, \quad \forall r \tag{3-35}
$$

$$
\sum_{j=1}^{k_1} |a_{rj}|^{-} \text{sign}(a_{rj}^{-}) x_{jopt} + \sum_{j=1}^{k_2} |a'_{ij}|^{-} \text{sign}(a'_{ij}^{-}) y_{jh}^{+} +
$$

$$
\sum_{j=k_2+1}^{n_2} |a'_{ij}|^{+} \text{sign}(a'_{ij}^{+}) y_{jh}^{-} \geqslant \widetilde{w}_{ih}^{+}, \quad \forall i, h \tag{3-36}
$$

$$
\left(\sum_{j=1}^{k_2} d_j^{+} y_{jh}^{+} + \sum_{j=k_2}^{n_2} d_j^{+} y_{jh}^{-} \right) - \sum_{h=1}^{s} p_h \left(\sum_{j=1}^{k_2} d_j^{+} y_{jh}^{+} + \sum_{j=k_2+1}^{n_2} d_j^{+} y_{jh}^{-} \right) + \theta_h^{+} \geqslant 0, \quad \forall j, h
$$

$$(3-37)$$

$$
y_{jh}^{+} \geqslant y_{jhopt}^{-}, \quad j = 1, 2, \cdots, k_2, \quad \forall h \tag{3-38}
$$

$$
y_{jhopt}^{+} \geqslant y_{jh}^{-}, \quad j = k_2 + 1, k_2 + 2, \cdots, n_2, \quad \forall h \tag{3-39}
$$

y_{jhopt}^{+}（$j = 1$，2，$\cdots$，k_2）和 y_{jhopt}^{-}（$j = k_2 + 1$，$k_2 + 2$，$\cdots$，n_2）可以通过子模型（3-34）~模型（3-39）获得。结合模型（3-27）~模型（3-33）和模型（3-34）~模型（3-39）的解，可以得到如下解：

$$
x_{jopt} = x_j^{-} + \lambda_{jopt} \Delta x_j, \quad \forall j \tag{3-40}
$$

$$
y_{khopt}^{\pm} = \left[y_{khopt}^{-}, y_{khopt}^{+} \right], \quad \forall j, h \tag{3-41}
$$

$$
f_{opt}^{\pm} = \left[f_{jopt}^{-}, f_{jopt}^{+} \right] \tag{3-42}
$$

三、案例研究

（一）研究系统概述

1. 山东省经济与能源资源概况

山东省位于我国黄河下游，东部濒临渤海、黄海，内陆地区与江苏、安徽、山西、河北四省接壤，总面积 15.8 万平方千米，总人口 9847.16 万。山东省是我国的经济第三大省，国内生产总值稳居全国第三名，也是我国极具综合竞争力的省份之一。近年来，山东省经济发展迅速，呈现快速增长的趋势（见图 3 - 1）。截止到 2015 年，全省经济生产总值（GDP）已达到 63002.3 亿元，同比增长 8.0%。其中，2015 年山东省第一、第二和第三产业增加值分别为 4979.1 亿元、29485.9 亿元和 28537.4 亿元，同比增长 4.1%、7.4% 和 9.6%。随着经济的不断发展，山东省的产业结构也在不断调整和优化。三次产业结构变化情况如图 3 - 2 所示，第一产业和第二产业比重不断下降，第三产业比重不断上升。例如，2006 年，山东省三次产业结构比例为 9.8∶58.2∶32.0；2015 年，三次产业结构比例为 7.9∶46.8∶45.3。

山东省化石能源资源较丰富，煤炭等资源储量在全国占有重要的地位。山东省是我国重要的产煤基地之一，煤炭生产能力达到 1.75 亿吨，位居全国第 6。山东省拥有丰富的太阳能资源，光照时数年均 2290～2890 小时。在风能方面，山东省海岸线全长 3024.4 千米，地处中纬度地区，大风天气频发，风能资源丰富，主要分布在胶东半岛沿海地区。此外，山东省十分重视核能资源的开发与利用，伴随海阳、荣成石岛湾两大核电工程的推进，核能发展将进入新阶段。

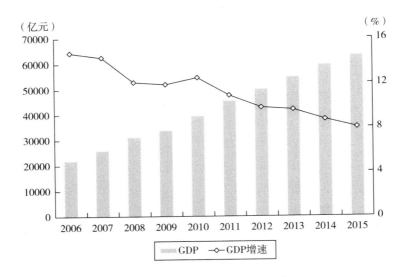

图 3 - 1　2006～2015 年山东省经济增长情况

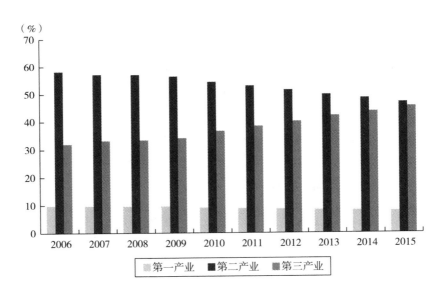

图 3 - 2　2006～2015 年山东省 GDP 三次产业构成

2. 山东省电力系统现状

改革开放以来，山东省电力产业得到了快速发展，装机总容量已从2000年的1966.0万千瓦增加到2015年的9715.7万千瓦，增长了近4倍。伴随传统发电技术与装备水平的提升以及可再生能源发电技术的日益成熟，山东省形成了以火力发电为主，风电、光伏发电、生物质发电、水电以及核电等多种发电技术并存的电力格局。在人口快速增长和经济高速发展的带动下，山东省电力需求增长迅速。图3－3展示了2006～2015年山东省的电力需求情况。从中可以看出，山东省电力需求呈逐年增加的趋势。例如，2006年电力需求量为2272.0亿千瓦时，2015年电力需求量为5182.2亿千瓦时，增长了1.28倍。为了满足日益增长的电力需求，通过提高自身电力生产能力、提升电力生产管理水平等手段，全省电力生产量在不断增加。从图3－4可以看出，2006～2015年，山东省电力生产总量逐年提高，生产总量由2293.9亿千瓦时增加到4552.9亿千瓦时。同时，图3－4表明山东省电力供应主要来自于火力发电机组。例如，2014年全省电力生产总量为3737.8亿千瓦时，而火力发电量为3629.4亿千瓦时，占总发电量的97.1%。

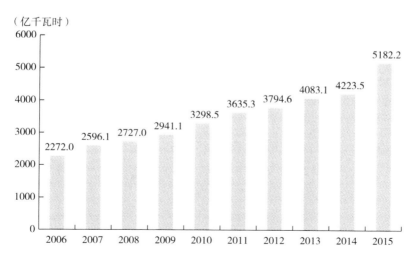

图3－3　2006～2015年山东省电力需求量

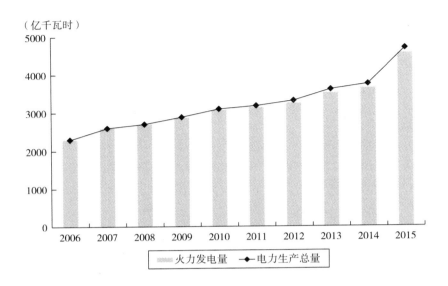

（亿千瓦时）

图 3 - 4　2006 ~ 2015 年山东省电力生产量

3. 山东省电力系统存在的问题

当前，煤炭的大量供应保障了山东省经济社会发展的能源需求，但高强度、粗放式的煤炭发展模式，导致资源浪费严重，严重破坏了地下水资源，并引发一些地区土地塌陷。过量的煤炭消费活动也造成了大量污染物和温室气体的排放。2015 年，全省二氧化硫、氮氧化物等污染物以及二氧化碳排放总量均居全国第一，其中二氧化硫和氮氧化物排放总量已分别达到 152.57 万吨和 142.39 万吨。这些因素导致了山东省雾霾天气的频发，影响了城市交通和居民生活。

为了解决日益严峻的环境污染问题，山东省已采取了一系列措施。旨在改善环境质量、保障公众健康安全，促进社会、经济与环境的协调发展，山东省先后出台了《山东省环境保护"十二五"发展规划》和《山东省 2013 - 2020 年大气污染防治规划》等，确定了各个阶段环境保护目标以及主要任务。此外，为进一步优化调整能源结构，保障全省电力供应，山东省积极开辟"外电入鲁"通道以接纳省外来电。到 2017 年和

2020 年，"外电入鲁"分别增加到 2500 万千瓦、3200 万千瓦以上。当前，随着我国《可再生能源法》的颁布以及一系列鼓励补贴政策的出台，山东省的可再生能源发电步入爆发式增长阶段（王瑞琪等，2015）。截止到 2015 年底，山东省新能源和可再生能源发电装机已达到 1115.1 万千瓦，占电力总装机的 11.5%，年均增长 32%。虽然山东省可再生能源发展迅速，但可再生能源发电比重仍然很低。例如，2015 年，可再生能源发电量为 131.7 亿千瓦时，仅占全省全年社会用电量的 2.54%，可再生能源利用规模有待大幅度提升。

因此，基于上述分析，针对山东省环境污染严重、可再生能源消费比重低、能源结构有待进一步优化等问题，本章提出基于区间参数规划、两阶段随机规划和随机鲁棒规划的优化模型，用于山东省电力系统的规划与管理。该模型重点研究不同可再生能源发电目标对山东省电力系统的影响，所获优化调控策略有助于促进电力结构优化，推动可再生能源发展，能够为山东省电力与环境系统管理提供理论支持。

（二）模型构建

鉴于电力需求存在一定的波动，本章以随机变量表示规划期内山东省的电力需求量。规划过程考虑 4 种燃料类型、7 种发电技术、2 个规划期、3 种污染物，以系统总成本最小为目标，以电力供需、机组扩容、污染物排放等为约束，耦合区间参数规划、两阶段随机规划和随机鲁棒规划方法，分情景设定可再生能源发电目标，构建山东省电力规划模型，具体如下所示：

$$\text{Min} f^{\pm} = (a) + (b) + (c) + (d) + (e) + (f) \tag{3-43}$$

（a）能源供应成本：

$$\sum_{j=1}^{J} \sum_{t=1}^{T} PCE_{jt}^{\pm} SE_{jt}^{\pm} + \sum_{t=1}^{T} \sum_{h=1}^{H} p_{th} PIE_{t}^{\pm} IE_{th}^{\pm} \tag{3-44}$$

（b）运行成本：

$$\sum_{j=1}^{J} \sum_{t=1}^{T} PV_{jt}^{\pm} W_{jt}^{\pm} + \sum_{j=1}^{J} \sum_{t=1}^{T} \sum_{h=1}^{H} p_{th} (PV_{jt}^{\pm} + PP_{jt}^{\pm}) Q_{jth}^{\pm} \tag{3-45}$$

（c）扩容成本：

$$\sum_{j=1}^{J} \sum_{t=1}^{T} \sum_{m=1}^{M} \sum_{h=1}^{H} p_{th} Y_{jtmh}^{\pm} CEP_{jtm} ICP_{jt}^{\pm} \tag{3-46}$$

（d）污染物治理成本：

$$\sum_{j=1}^{J} \sum_{p=1}^{P} \sum_{t=1}^{T} \sum_{h=1}^{H} (W_{jt}^{\pm} + p_{th} Q_{jth}^{\pm}) EIP_{jpt}^{\pm} \eta_{jpt}^{\pm} RCP_{jpt}^{\pm} \tag{3-47}$$

（e）排污成本：

$$\sum_{j=1}^{J} \sum_{p=1}^{P} \sum_{t=1}^{T} \sum_{h=1}^{H} (W_{jt}^{\pm} + p_{th} Q_{jth}^{\pm}) EIP_{jpt}^{\pm} (1 - \eta_{jpt}^{\pm}) PDF_{pt}^{\pm}/WR_p \tag{3-48}$$

（f）鲁棒函数：

$$\omega \sum_{j=1}^{J} \sum_{t=1}^{T} \sum_{h=1}^{H} p_{th} (\xi_{jth}^{\pm} - \sum_{j=1}^{J} \sum_{h=1}^{H} p_{th} \xi_{jth}^{\pm} + 2\theta_{jth}^{\pm}) \tag{3-49}$$

$$\xi_{jth}^{\pm} = PIE_t^{\pm} IE_{th}^{\pm} + (PV_{jt}^{\pm} + PP_{jt}^{\pm}) Q_{jth}^{\pm} + \sum_{m=1}^{M} Y_{jtmh}^{\pm} CEP_{jtm} ICP_{jt}^{\pm} +$$

$$\sum_{p=1}^{P} Q_{jth}^{\pm} EIP_{jpt}^{\pm} [\eta_{jpt}^{\pm} \cdot RCP_{jpt}^{\pm} + (1 - \eta_{jpt}^{\pm}) PDF_{pt}^{\pm}] \tag{3-50}$$

约束条件：

（1）质量平衡约束：

$$(W_{jt}^{\pm} + Q_{jth}^{\pm}) FE^{\pm}/ECE_{jt}^{\pm} \leq SE_{jt}^{\pm}, \quad 1 \leq j \leq 4; \quad \forall t, h \tag{3-51}$$

$$W_{jt}^{\pm} + Q_{jth}^{\pm} \leq AVE_{jt}^{\pm}, \quad 5 \leq j \leq 7; \quad \forall t, h \tag{3-52}$$

（2）电力供需约束：

$$\left[\sum_{j=1}^{J} (W_{jt}^{\pm} + Q_{jth}^{\pm}) + IE_{th}^{\pm} \right] (1 - LLR_t^{\pm}) \geq DE_{th}^{\pm}, \forall t, h \tag{3-53}$$

$$\sum_{j=4}^{J} (W_{jt}^{\pm} + Q_{jth}^{\pm}) \geq \lambda_t \cdot \sum_{j=1}^{J} (W_{jt}^{\pm} + Q_{jth}^{\pm}), \quad \forall t, h \tag{3-54}$$

$$\alpha^{\pm} DE_{th}^{\pm} \leq (1 - LLR_t^{\pm}) IE_{th}^{\pm} \leq \beta^{\pm} DE_{th}^{\pm}, \quad \forall t, h \tag{3-55}$$

$$W_{jt}^{\pm} \geq Q_{jth}^{\pm} \geq 0, \quad \forall j, t, h \tag{3-56}$$

（3）装机容量约束：

$$W_{jt}^{\pm} + Q_{jth}^{\pm} \leq h_{jt}^{\pm} (RC_{j0} + \sum_{t=1}^{T} \sum_{m=1}^{M} Y_{jtmh}^{\pm} CEP_{jtm}), \quad \forall j, t, h \tag{3-57}$$

（4）扩容约束：

$$Y_{jtmh}^{\pm} = \begin{cases} 0 \\ 1 \end{cases}, \quad \forall j, \ t, \ m, \ h \tag{3-58}$$

$$\sum_{m=1}^{M} Y_{jtmh}^{\pm} = 1, \quad \forall j, \ t, \ h \tag{3-59}$$

（5）污染物排放约束：

$$\sum_{j=1}^{J} \left(W_{jt}^{\pm} + Q_{jth}^{\pm} \right) EIP_{jpt}^{\pm} \left(1 - \eta_{jpt}^{\pm} \right) \leqslant EAP_{pt}^{\pm}, \quad \forall p, \ t, \ h \tag{3-60}$$

（6）鲁棒约束：

$$\xi_{jth}^{\pm} - \sum_{j=1}^{J} \sum_{h=1}^{H} p_{th} \xi_{jth}^{\pm} + \theta_{jth}^{\pm} \geqslant 0, \quad \forall j, \ t, \ h \tag{3-61}$$

其中，$f^{\pm}$ 表示系统总成本；

j 表示发电技术（1 代表燃煤发电，2 代表燃气发电，3 代表核电，4 代表生物质发电，5 代表风电，6 代表光伏发电，7 代表水电）；

t 表示规划期，$t=1，2$；

p 表示污染物类型（1 代表 SO_2，2 代表 NO_x，3 代表 PM10）；m 表示发电技术扩容方案，$m=1，2，3$；

h 表示电力需求水平，$h=1，2，3$ 分别代表低（L），中（M），高（H）；

$PCE_{jt}^{\pm}$ 表示 t 时期发电技术 j 所需能源的购买价格（10^3 元/TJ）；

$SE_{jt}^{\pm}$ 表示 t 时期发电技术 j 所需能源的供应量（10^3TJ）；

p_{th} 表示 t 时期电力需求水平 h 发生的概率；

$PIE_{t}^{\pm}$ 表示 t 时期调入电量的价格（10^3 元/TJ）；

$IE_{th}^{\pm}$ 表示 t 时期 h 电力需求水平下的调入电量（GWh）；

$W_{jt}^{\pm}$ 表示 t 时期发电技术 j 的目标发电量（GWh）；

$Q_{jth}^{\pm}$ 表示 t 时期 h 电力需求水平下发电技术 j 的缺失发电量（GWh）；

$PV_{jt}^{\pm}$ 表示 t 时期发电技术 j 的运行成本（10^3 元/GWh）；

$PP_{jt}^{\pm}$ 表示 t 时期发电技术 j 临时补充发电的惩罚成本（10^3 元/GWh）；

$Y_{jtmh}^{\pm}$ 表示 t 时期 h 电力需求水平下 j 发电技术 m 扩容方案的二元变量

（1 代表扩容，0 代表不扩容）；

CEP_{jtm} 表示 t 时期 j 发电技术 m 扩容方案的扩容量（GW）；

$ICP_{jt}^{\pm}$ 表示 t 时期发电技术 j 扩容的投资成本（10^6 元/GW）；

$EIP_{jpt}^{\pm}$ 表示 t 时期 j 发电技术 p 污染物的排放强度（吨/GWh）；

$\eta_{jpt}^{\pm}$ 表示 t 时期 j 发电技术 p 污染物的去除率；

$RCP_{jpt}^{\pm}$ 表示 t 时期 j 发电技术 p 污染物的处理成本（10^3 元/吨）；

$PDF_{pt}^{\pm}$ 表示 t 时期针对 p 污染物征收的排污费（10^3 元/吨）；

WR_p 表示 p 污染物的污染当量值（吨）；

$FE^{\pm}$ 表示单位转换系数（TJ/GWh）；

$ECE_{jt}^{\pm}$ 表示 t 时期发电技术 j 的转换效率；

$AVE_{jt}^{\pm}$ 表示 t 时期发电技术 j 所需资源的可利用量（GWh）；

$LLR_t^{\pm}$ 表示 t 时期电力传输的线损率；

$DE_{th}^{\pm}$ 表示 t 时期 h 电力需求水平下的电力需求（GWh）；

λ_t 表示 t 时期可再生能源发电的比例；

$\alpha^{\pm}$ 和 $\beta^{\pm}$ 表示电力需求中调入电量的最低和最高比例；

$h_{jt}^{\pm}$ 表示 t 时期发电技术 j 的运行时间（小时）；

RC_{j0} 表示 t 时期发电技术 j 的初始装机容量（GW）；

$EAP_{pt}^{\pm}$ 表示 t 时期污染物 p 的最大允许排放量（吨）。

（三）数据收集与情景分析

本书将对山东省进行为期 10 年（2016～2025 年）的电力规划，每 5 年为一个规划期，与山东省的五年规划相对应。模型中相关数据的获取主要基于对山东省统计年鉴、政府部门的发展规划、相关文献和案例研究等的分析和解读。表 3-1 给出了各时期主要发电方式的目标发电量和电力需求量。为分析规划期内可再生能源发电对山东省电力生产、电力系统发展以及电力供需平衡的影响，以可再生能源发电量占总发电量的比例为指标设定了 3 种情景，如表 3-2 所示。

表 3 – 1　主要发电方式的目标发电量和电力需求量（10^3 GWh）

	需求水平	概率/%	t = 1	t = 2
电力需求量	低	20	[2332.67，2369.79]	[2373.55，2417.73]
	中	60	[2379.15，2416.92]	[2401.75，2469.80]
	高	20	[2426.44，2455.20]	[2476.31，2491.04]
目标发电量	燃煤发电		[1300.00，1500.00]	[1200.00，1380.00]
	燃气发电		[120.00，145.00]	[165.00，180.00]
	核电		[88.00，92.00]	[100.00，130.00]
	生物质发电		[40.00，45.00]	[46.00，50.00]
	风电		[98.00，115.00]	[120.00，140.00]
	光伏发电		[5.00，6.30]	[6.50，7.00]
	水电		[1.50，1.70]	[1.75，1.90]

表 3 – 2　可再生能源发电目标情景设定　　　　　　单位：%

规划期	情景		
	S1	S2	S3
t = 1	8.6	9.2	9.8
t = 2	9.2	9.8	10.4

四、结果分析与讨论

（一）系统成本

图 3 – 5 给出了不同鲁棒等级和发电目标情景下的系统成本变化情况。以情景 S2 为例，当鲁棒等级 ω 取 0、1、5、10、20 和 40 时，系统成本分别为 [223.70，236.90] ×10^{10} 元、[228.13，243.10] ×10^{10} 元、[229.87，

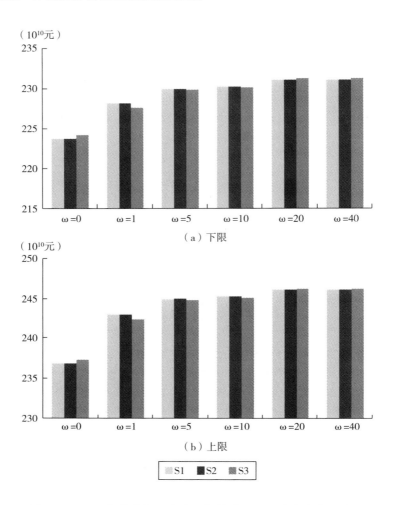

（a）下限

（b）上限

S1　S2　S3

图 3 - 5　不同鲁棒等级和发电目标情景下的系统成本变化情况

245.06］×10¹⁰元、［230.16，245.36］×10¹⁰元、［230.99，246.25］×10¹⁰元和［230.99，246.25］×10¹⁰元。结果表明，鲁棒等级越高，系统的风险越低，其成本也就相应增加。因此，决策者可以根据实际情况，在系统风险和成本之间进行权衡。随着可再生能源发电份额的提高，相应地发电机组会进行不同程度的扩容，这同样会增加系统成本。例如，ω=20时，情景 S1、情景 S2 和情景 S3 下的系统成本分别为［230.96，246.22］×

10^{10}元、 $[230.99，246.25] \times 10^{10}$元和 $[231.11，246.30] \times 10^{10}$元。然而，当鲁棒等级 ω 取 1、5 和 10 时，相对于情景 S2，情景 S3 下的系统成本略有下降。这主要是由山东省电力结构发展到一定程度后，化石能源的发电量下降导致的。

（二）调入电量

不同情景下的调入电量如图 3-6 所示（以 $\omega=1$ 为例）。由图可知，规划期内，调入电量随着电力需求水平的提高而增加。以情景 S2 为例，第 1 时期内，当电力需求水平为 L、M 和 H 时，调入电量分别为 $[702.31，764.45] \times 10^3$GWh、$[716.30，779.65] \times 10^3$GWh 和 $[756.44，792.00] \times 10^3$GWh。此外，一般来说，在电力需求水平一定的情况下，随着可再生能源发电比重的提高，调入电量不会发生明显变化。但在情景 S3 下，当电力需求水平为 M 和 H 时，调入电量的下限有小幅增加，主要原因是燃气发电量下降导致整体发电量偏低。

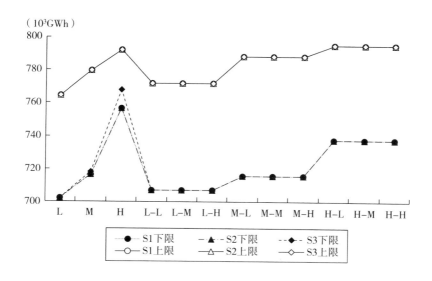

图 3-6　不同情景下的调入电量（以 $\omega=1$ 为例）

图 3 - 7 为规划期内不同鲁棒等级下的调入电量（以情景 S3 为例）。在一定的电力需求水平下，随着鲁棒等级的提高，调入电量逐渐下降并趋于稳定。以 H 电力需求水平为例，当鲁棒等级 ω 取 0、1 和 5 时，调入电量分别为 $[814.97, 842.63] \times 10^3 \text{GWh}$、$[767.64, 792.00] \times 10^3 \text{GWh}$ 和 $[748.32, 792.00] \times 10^3 \text{GWh}$。这主要是由于电力调入行为本身会给区域电力供需过程带来较高的风险，因此，有必要将调入电量的比例控制在一定范围内，以规避随机波动的电力需求可能带来的电力短缺风险，切实保障区域电力供应安全。

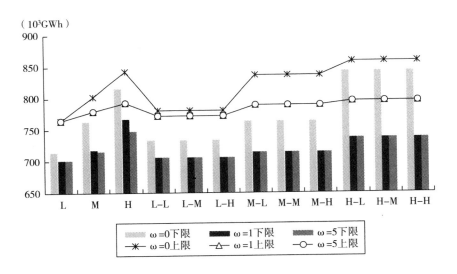

图 3 - 7　不同鲁棒等级下的调入电量（以情景 S3 为例）

（三）　电力生产分析

不同情景下各发电技术的发电量如图 3 - 8 所示（以 ω = 1 为例）。总体来说，规划期内，燃煤发电的最优目标发电量呈现下降趋势（图 3 - 8（a））。相反地，其他 6 种发电技术的最优目标发电量呈现上升趋势（图 3 - 8（b）~（g）），且大部分接近或等于其目标发电量的上限。此外，同一时期内，随着可再生能源发电比重的提高，燃煤发电的最优目标发电量逐渐下降，风电的最优目标发电量逐渐增加，其他 5 种发电技术的最优目标发电量保持不变。以第 1 时期的 M 电力需求水平为例，情景 S1、情景 S2 和情景 S3 下燃煤发电的最优目标发电量分别为 1409.67 × 10^3GWh、1407.15 × 10^3GWh 和 1406.31 × 10^3GWh，风电的最优目标发电量分别为 111.38 × 10^3GWh、111.38 × 10^3GWh 和 115.00 × 10^3GWh，而燃气发电、核电、生物质发电、光伏发电和水电的最优目标发电量分别保持在 145.00 × 10^3GWh、89.25 × 10^3GWh、45.00 × 10^3GWh、6.30 × 10^3GWh 和 1.70 × 10^3GWh。

一般来说，同一时期内，随着电力需求水平的提高，各发电技术的发电总量呈现上升趋势。以情景 S3 为例，第 1 时期内，当电力需求水平为 L、M 和 H 时，燃煤发电的发电总量为 1406.31 × 10^3GWh、1406.31 × 10^3GWh 和 ［1406.31，1412.88］ × 10^3GWh，燃气发电的发电总量为 145.00 × 10^3GWh、154.77 × 10^3GWh 和 154.77 × 10^3GWh，核电的发电总量为 89.25 × 10^3GWh、98.00 × 10^3GWh 和 98.00 × 10^3GWh，生物质发电的发电总量为 50.26 × 10^3GWh、51.72 × 10^3GWh 和 51.72 × 10^3GWh，风电的发电总量为 119.53 × 10^3GWh、120.29 × 10^3GWh 和 120.29 × 10^3GWh，光伏发电的发电总量为 6.75 × 10^3GWh、6.75 × 10^3GWh 和 8.25 × 10^3GWh，水电的发电总量为 1.70 × 10^3GWh、2.10 × 10^3GWh 和 2.10 × 10^3GWh。主要原因是在特定的电力需求水平下，各发电技术的目标发电量不能满足区域用电需求，需要通过临时补充发电的方式增加发电量以保障区域电力供应。此外，在电力需求水平一定的情况下，随着可再生能源的发展，各发电技术的发电总量变化趋势不尽相同。以第 1 时期 M 电力需求水平为例，情景 S1、情景 S2 和情景 S3 下燃煤发电和燃气发电的发电总量逐渐下降，分别为 1409.67 × 10^3GWh、1407.15 × 10^3GWh、1406.31 × 10^3GWh 和 168.45 × 10^3GWh、166.59 × 10^3GWh、154.77 × 10^3GWh；核电和光伏发电的发电总量分别保持在 98.00 × 10^3GWh 和 6.75 × 10^3GWh 不变；生物质发电、风电和水电的发电总量呈现上升趋势，分别为 45.88 × 10^3GWh、50.26 × 10^3GWh、51.72 × 10^3GWh、111.38 ×

10^3GWh、111.38×10^3GWh、120.29×10^3GWh 和 1.80×10^3GWh、1.80×10^3GWh、2.10×10^3GWh。

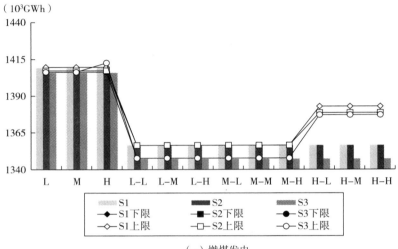

（a）燃煤发电

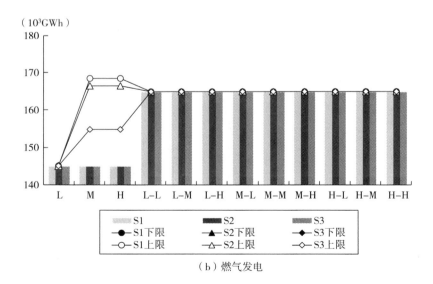

（b）燃气发电

图 3-8　不同情景下各发电技术的发电量

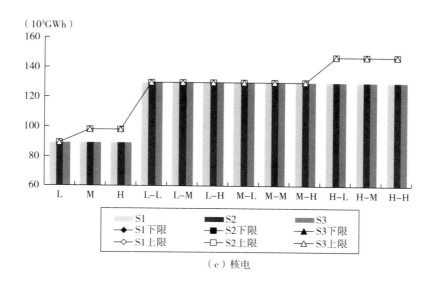

（c）核电

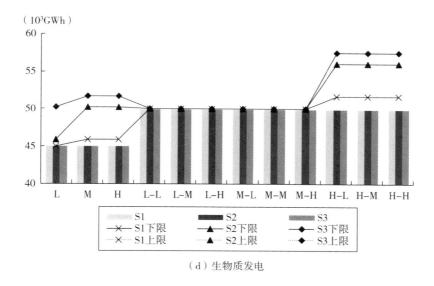

（d）生物质发电

图 3 - 8　不同情景下各发电技术的发电量（续）

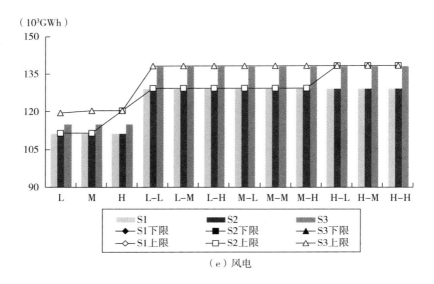

（e）风电

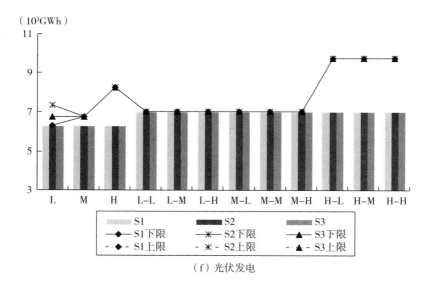

（f）光伏发电

图 3－8　不同情景下各发电技术的发电量（续）

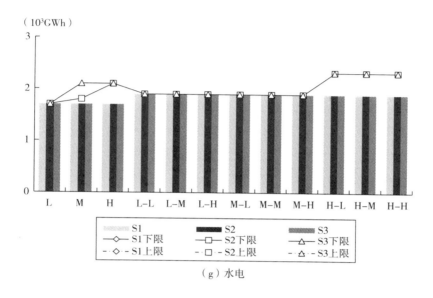

（g）水电

图 3 - 8　不同情景下各发电技术的发电量（续）

　　图 3 - 9 为规划期内不同鲁棒等级下各发电技术的发电量（以情景 S3 为例）。如图所示，就最优目标发电量来说，同一时期内，随着鲁棒等级的提高，只有燃煤发电和燃气发电发生变化，其余 5 种发电技术保持不变。具体来说，第 1 时期内，燃煤发电的最优目标发电量呈现下降趋势，其发电量分别为 1409.03 × 10^3GWh、1406.31 × 10^3GWh 和 1406.31 × 10^3GWh，而燃气发电恰恰相反，其最优目标发电量分别为 120.00 × 10^3GWh、145.00 × 10^3GWh 和 145.00 × 10^3GWh。第 2 时期内，燃煤发电的最优目标发电量逐渐增加，分别为 1290.64 × 10^3GWh、1347.63 × 10^3GWh 和 1380.00 × 10^3GWh，而燃气发电的最优目标发电量保持在 165.00 × 10^3GWh 不变。此外，规划期内，随着鲁棒等级的提高，燃煤发电和燃气发电的发电总量的变化趋势与其最优目标发电量基本一致，而对于其余 5 种发电技术来说，不同电力需求水平下其发电总量的变化比较复杂。主要原因是模型为了规避由区域电力需求和调入电量的波动导致的电力缺失风险。

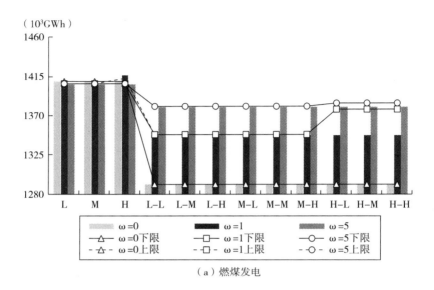

（a）燃煤发电

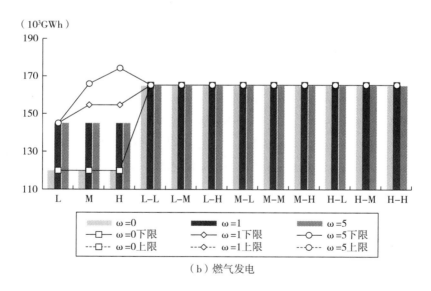

（b）燃气发电

图 3-9　不同鲁棒等级下各发电技术的发电量

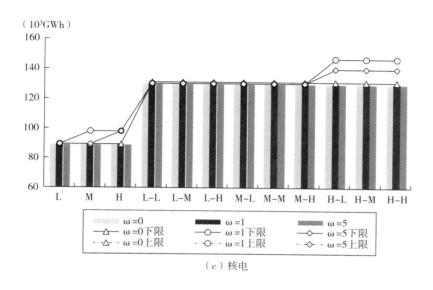

（c）核电

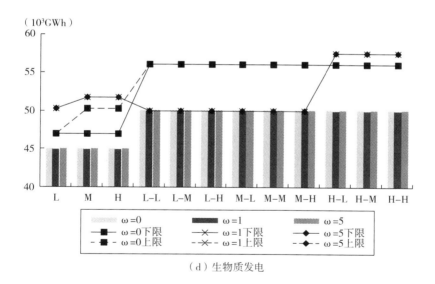

（d）生物质发电

图 3 - 9 不同鲁棒等级下各发电技术的发电量（续）

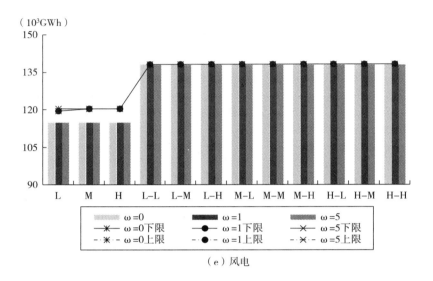

（e）风电

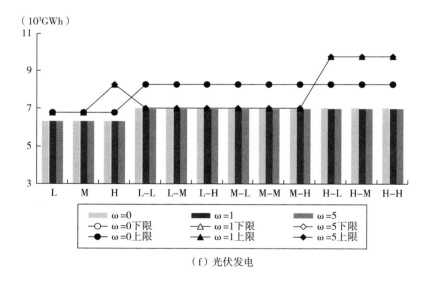

（f）光伏发电

图 3－9　不同鲁棒等级下各发电技术的发电量（续）

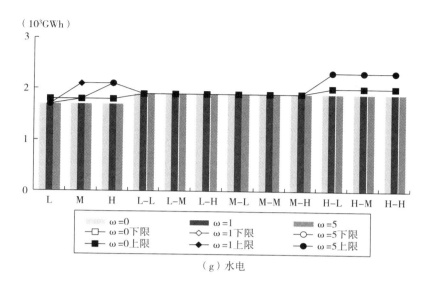

（g）水电

图 3 - 9　不同鲁棒等级下各发电技术的发电量（续）

（四）技术扩容

从长远来看，为缓和日益紧张的区域电力供需矛盾，不同时期各发电技术都需要进行一定的扩容以弥补自身发电能力的不足。规划期内不同情景下各发电技术的扩容方案如图 3 - 10 所示（以 ω = 1 为例），其中 CP、GP、NP、BP、WP、SP 和 HP 分别代表燃煤发电、燃气发电、核电、生物质发电、风电、光伏发电和水电。一般来说，相对于第 1 时期，第 2 时期内各发电技术的扩容量呈现下降趋势。此外，多数发电技术的扩容量在第 1 时期内随着电力需求水平的提高而呈现上升趋势，在第 2 时期内基本不随电力需求水平的变化而变化。这主要归因于发电技术发电效率的提高以及区域电力需求量年增长率的下降。

在区域电力需求水平一定的情况下，随着可再生能源发电比重的提高，传统发电技术的扩容量基本不变，而大多数可再生能源发电技术的扩容量呈现上升趋势。以 M 电力需求水平为例，情景 S1、情景 S2、情景 S3

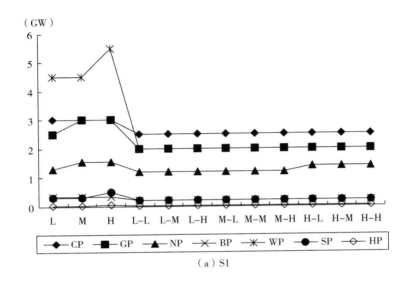

（a）S1

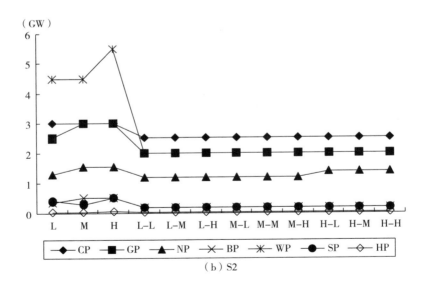

（b）S2

图 3 - 10 不同情景下各发电技术的扩容方案

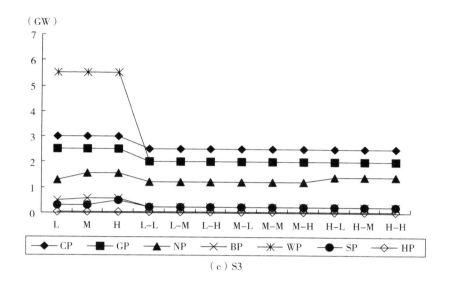

（c）S3

图 3-10　不同情景下各发电技术的扩容方案（续）

下燃煤发电、核电、光伏发电的扩容量保持 3.00GW、1.55GW 和 0.30GW 不变，燃气发电的扩容量为 3.00GW、3.00GW 和 2.50GW，生物质发电的扩容量为 0.35GW、0.50GW 和 0.55GW，风电的扩容量为 4.50GW、4.50GW 和 5.50GW，水电的扩容量为 0.02GW、0.02GW 和 0.04GW。这主要是由于在优化能源结构、实现节能减排的大背景下，可再生能源发电产业在未来很长一段时间内将会继续得到国家和山东省相关政策的大力扶持。

图 3-11 为规划期内不同鲁棒等级下各发电技术的扩容方案（以情景 S1 为例）。由图可知，与第 2 时期相比，随着鲁棒等级的提高，第 1 时期内各发电技术的扩容量变化较为明显。以 H 电力需求水平为例，当鲁棒等级 ω 取 0、1 和 5 时，只有燃煤发电、生物质发电的扩容量保持不变，燃气发电、核电、风电、光伏发电和水电的扩容量均呈上升趋势。主要原因是随着鲁棒等级的提高，在区域调入电量波动不大的前提下，为规避可能出现的电力缺失风险，相关发电技术需要增加扩容量以提高整体发电能

力，保障区域供电安全。

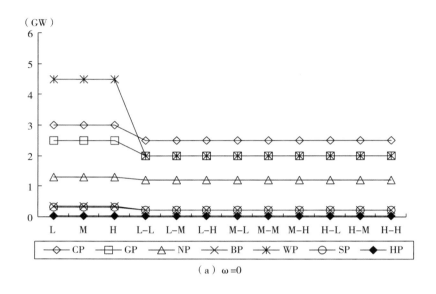

（a）ω=0

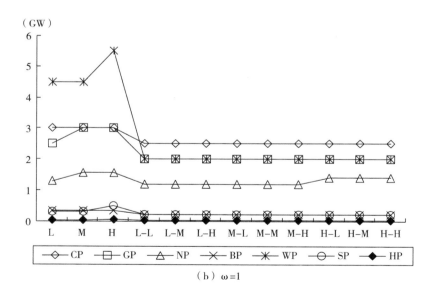

（b）ω=1

图 3-11　不同鲁棒等级下各发电技术的扩容方案

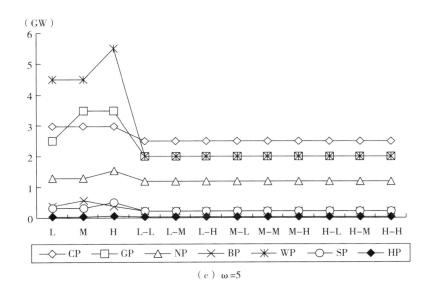

（c）ω=5

图3-11　不同鲁棒等级下各发电技术的扩容方案（续）

五、本章小结

本章通过整合区间规划、随机鲁棒规划、两阶段随机规划和整数规划建立了区间两阶段随机鲁棒规划模型，为区域电力系统管理提供依据。该模型不仅能够有效地处理系统中表示为区间和随机分布的不确定性，而且能够帮助决策者量化分析系统经济性和风险性之间的权衡关系。在模型构建过程中，同时考虑预先制定的电力系统管理政策的可变性，经济追索将会得到体现。综合考虑了可再生能源发电政策对电力系统的影响，以山东省电力系统为例，建立了可再生能源发电目标约束下的电力规划模型。模型以系统总成本最小化为目标，以电力供需、机组扩容、污染物排放等为约束，得到了符合山东省电力系统特点的电力生产、电力调入和机组扩容优化方案。结果表明，随着鲁棒等级的增强，系统风险会降低，而成本会相应增加，决策者可以在系统风险和成本之间进行权衡；随着可再生能源发电比重的提高，燃煤发电量逐渐下降，同时可再生能源发电技术装机水平会逐渐提升。在未来相当长的一段时间内，山东省本地发电结构将呈现"以燃煤发电为主，燃气发电、核电、生物质发电和风电为辅，光伏发电和水电作适当补充"的特点，其中燃煤发电承担着72%～79%的发电任务，相比之前呈现明显的下降趋势，可再生能源发电占比将会得到一定升高。在优化调整能源结构、促进节能减排的大背景下，山东省要进一步加大对可再生能源发展支持力度，提高可再生能源发电比重。

第四章
不同上网电价补贴情景下的
唐山市电力系统优化研究

一、研究背景

当前，基于传统化石燃料的能源消耗正在以惊人的速度增长，能源供需矛盾和环境污染问题日益突出，同时电力需求的不断增长以及电力系统管理的不合理进一步加剧了能源与环境危机。在节能减排背景下，可再生能源和电力结构调整成为了满足能源需求、解决环境难题和实现可持续发展的最优选择。然而，电力系统中存在着诸多复杂过程（Suo 等，2013；Henning 和 Palzer，2014；Theodosiou 等，2015）。同时，一些经济、环境和政策约束（如经济惩罚和激励政策）使得本身存在多重不确定性的参数和相关因素（如电力需求、资源可利用量和电力生产目标）变得更为复杂（Asif 和 Muneer，2007；Hu 等，2014）。因此，亟须开发一种有效的工具，用于不确定性条件下耦合可再生能源消纳和污染减排的电力系统规划。

为处理电力系统规划问题，一些学者开展了许多研究和应用。Ma 等（1995）提出了一种遗传算法，该方法可以解决电力发电机组组合问题。Davidson 等（2009）开发了一种数学模型用于优化俄罗斯电力管理系统。

Santos 和 Legey（2013）在考虑电厂建设和运行环境成本的情况下，开展了长期电力系统扩容规划。此外，为了减少传统化石能源消耗的环境影响和推动经济的可持续发展，在新能源的综合利用方面已开展了一系列研究。例如，Milan 等（2012）构建了一个系统成本优化模型，用于实现丹麦能源系统的 100% 可再生能源供应。根据更高可靠性和最小化能耗标准，Taha 等（2014）提出了一个双层微网优化模型，该模型整合了可再生能源发电并考虑了上网电价政策。然而，这些研究在捕捉存在于能源活动与社会、经济和环境之间的多重不确定性信息方面存在一定的困难，进而影响电力系统科学管理与规划（Maheri，2014）。

因此，本章的目标是基于第三章开发的区间两阶段随机鲁棒混合整数规划模型，针对相关政策对新能源发展的影响问题，开展了不确定性条件下区域电力系统管理研究。该模型不但能够捕捉表征成区间值和概率分布的不确定性信息，而且能够有效地评估新能源资源的可利用量。开发的模型将会应用到唐山市电力系统管理中，重点探讨上网电价补贴政策对新能源消纳和电力结构的影响，获得的结果不但能够生成多种合理的、适用的决策方案（如新能源利用模式、电力结构调整和大气污染减排方案），而且能够实现经济与环境效益的最大化。具体来说，本章将识别存在于电力系统中参数、过程之间的多重竞争关系；为多种电力转换技术分配电力生产计划；获得优化的电力生产模式和扩容方案；探索和评估可能实施的新能源政策。

二、研究方法

在许多的实际管理问题中，不确定性可能以概率分布表示的随机参数形式出现。两阶段规划不仅可以有效处理模型右手边呈已知概率函数分布的随机参数，而且能够解决随时间推移的政策情景分析问题。随机鲁棒规划方法能够有效地捕捉随机变量的期望值与其特定情景下的值的偏差，降低系统风险，因而可以获得更稳定、可靠的解。此外，在实际案例中，由于部分参数很难表示为概率分布形式，因此可以借助区间参数规划将其表示为存在上、下界限的区间数。基于第三章的研究，得到了区间两阶段随机鲁棒规划方法，如下所示：

$$
\text{Min} f^{\pm} = \sum_{t=1}^{T} \sum_{j=1}^{n_1} c_{jt}^{\pm} x_{jt}^{\pm} + \sum_{t=1}^{T} \sum_{j=1}^{n_1} \sum_{h=1}^{H_t} p_{th} d_{jt}^{\pm} y_{jth}^{\pm} +
$$

$$
\omega \sum_{t=1}^{T} \sum_{j=1}^{n_1} \sum_{h=1}^{H_t} p_{th} \left(d_{jt}^{\pm} y_{jth}^{\pm} - \sum_{j=1}^{n_1} \sum_{h=1}^{H_t} p_{th} d_{jt}^{\pm} y_{jth}^{\pm} + 2\theta_{jth}^{\pm} \right) \quad (4-1)
$$

约束条件：

$$
d_{jt}^{\pm} y_{jth}^{\pm} - \sum_{j=1}^{n_1} \sum_{h=1}^{H_t} p_{th} d_{jt}^{\pm} y_{jth}^{\pm} + \theta_{jth}^{\pm} \geqslant 0 , \quad j = 1, 2, \cdots, n_1; \quad t = 1, 2, \cdots, T;
$$
$$
h = 1, 2, \cdots, H_t \quad (4-2)
$$

$$
\sum_{j=1}^{n_1} a_{rjt}^{\pm} x_{jt}^{\pm} \leqslant b_{rt}^{\pm} , \quad r = 1, 2, \cdots, m_1; \quad t = 1, 2, \cdots, T \quad (4-3)
$$

$$
\sum_{j=1}^{n_1} a_{ijt}^{\pm} x_{jt}^{\pm} + \sum_{j=1}^{n_1} a'^{\pm}_{ijt} y_{jth}^{\pm} \leqslant \hat{w}_{ith}^{\pm} , \quad i = 1, 2, \cdots, m_2; \quad t = 1, 2, \cdots, T;
$$
$$
h = 1, 2, \cdots, H_t \quad (4-4)
$$

$$
x_{jt}^{\pm} \geqslant 0 , \quad j = 1, 2, \cdots, n_1; \quad t = 1, 2, \cdots, T \quad (4-5)
$$

$$
y_{jth}^{\pm} \geqslant 0 , \quad j = 1, 2, \cdots, n_1; \quad t = 1, 2, \cdots, T; \quad h = 1, 2, \cdots, H_t
$$
$$
(4-6)
$$

其中，"$\pm$"代表区间数，"$+$"、"$-$"分别表示参数或变量的上、下限；$x_{jt}^{\pm}$ 和 $y_{jth}^{\pm}$ 分别代表第一阶段和第二阶段的决策变量；$y_{jth}^{\pm}$ 具有概率水平 p_{th}，$p_{th} > 0$ 且 $\sum_{h=1}^{H_t} p_{th} = 1$；$\omega$ 代表鲁棒等级，其数值越大表示决策者越重视系统的安全性；$d_{jt}^{\pm} y_{jth}^{\pm} - \sum_{j=1}^{n_1} \sum_{h=1}^{H_t} p_{th} d_{jt}^{\pm} y_{jth}^{\pm} + 2\theta_{jth}^{\pm}$ 表示所求变量的期望值与其特定情景下的值的偏差；$\theta_{jth}^{\pm}$ 为松弛变量，可以保证模型得到稳定、可靠的解。

三、案例研究

（一）研究系统概述

1. 研究区域概况

唐山市位于河北省的东北部，濒临渤海湾，毗邻京津，工业基础雄厚，是一个典型的重工业城市。唐山市土地面积 13472 平方千米，由 7 个区和 7 个县组成。过去的几年，唐山市经济经历了快速发展时期。图 4-1 展示了唐山市经济增长情况：2005 年唐山市地区生产总值为 2027.64 亿元，而 2014 年唐山地区生产总值已达 6225.30 亿元，居河北城市第一位，中国城市第 19 位；唐山市工业增加值由 2005 年的 1076.09 亿元增长到 2014 年的 3340.81 亿元；GDP 和工业增加值增速保持在较高的正增长水平，但呈现一定的波动下降趋势。唐山以其强大的工业基础在环渤海经济区中扮演着重要的角色。第二产业作为唐山经济发展的主要推动力，其比重在唐山地区 GDP 中高达 57.76%；唐山市三次产业结构在不断优化，第二产业比重在不断下降（见图 4-2）。

2. 唐山市电力消费现状

伴随着经济的快速发展和人民生活水平的稳步提升，未来能源需求的持续增长是不可避免的，这将对与唐山市经济发展紧密相关的能源生产和供应活动产生重要的影响。图 4-3 给出了 2005～2014 年唐山市电力生产和消耗情况。由图可知，唐山市全社会用电量逐步增加，由 2005 年的 358.81 亿千瓦时增长到 2014 年的 861.24 亿千瓦时。同时，全市电力供应量远远不能满足城市日益增长的电力需求。例如，2013 年全市电力生产能力仅为 470.78 亿千瓦时，而总用电量高达 857.27 亿千瓦时。

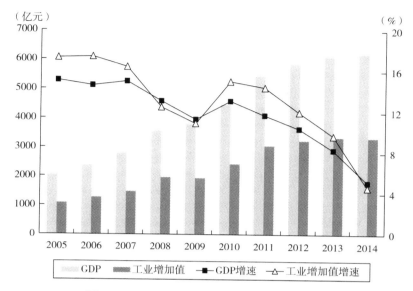

图 4 - 1　2005～2014 年唐山市经济增长情况

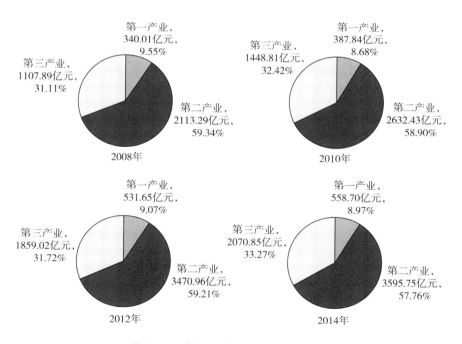

图 4 - 2　唐山生产总值三次产业构成

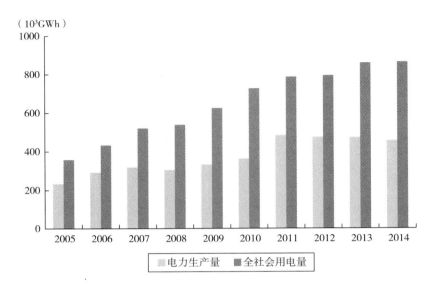

图 4 - 3　2005 ~ 2014 年唐山电力生产和消耗情况

图 4 - 4 为 2006 ~ 2014 年唐山市电力消费弹性系数。从中可以看出，唐山市电力消费弹性系数呈现一定的波动性特征。"十一五"时期，唐山市以高耗能行业为主导的产业结构带动了经济的快速发展，GDP 增速和全社会用电量增速较快，电力弹性系数处于较高水平。除 2008 年外，唐山市各年电力弹性系数均大于 1，表明"十一五"时期唐山市经济发展成本较高，消耗了太多电力资源。例如，2009 年唐山市电力消费弹性系数为 1.41，表明每增长 1% 的用电量，仅支撑了 0.87% 的 GDP 增长。对比来看，2014 年唐山市电力消费弹性系数为 0.09，平均 1% 的用电量能够支撑 11.1% 的 GDP 增幅。"十二五"时期，唐山市着眼于长远发展，逐渐转变经济和电力发展方式，采取了一系列措施限制了高耗能行业的过快发展，经济发展成本逐渐降低。

3. 唐山市电力系统面临的问题

唐山市是一个典型的资源型城市，盛产各种化石能源，如煤、天然气和原油。其中，煤炭的保有量为 53.05 亿吨；在市域内已经探明了 7 个油气

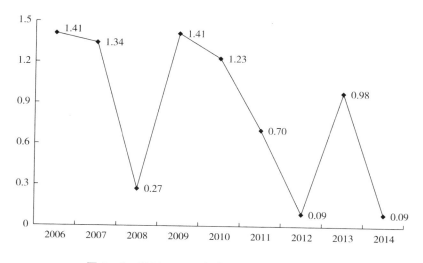

图 4 - 4　2006~2014 年唐山电力消费弹性系数

田，南堡油田储量可达 10 亿吨；天然气的储量为 1480 亿立方米。当前唐山的重工业结构与其自然资源禀赋结构有很大的关系。过量的化石资源消耗在推动区域经济发展中发挥了重要的作用，但同时也带来了一系列严重的大气污染问题。近年来，唐山已成为我国十大污染城市之一。唐山市大气污染物主要来源于工业活动，如图 4 - 5 所示，2014 年唐山市工业活动二氧化硫排放量已达到 25.08 万吨，占二氧化硫总排放量的 92.1%；氮氧化物排放量为 24.80 万吨，占氮氧化物总排放量的 77.8%。而以火电为主导的唐山电力工业是大气污染的主要贡献源之一。为了减少污染物排放和改善区域大气质量，唐山市已采取了一系列措施，如提高外输电力比例、采取先进污染物处理技术和利用清洁能源等。

　　同时，为了缓解能源供应与需求之间的压力、解决环境危机，唐山市加大了对新能源的开发力度。唐山在发展和利用新能源（生物质能、风能和太阳能）方面具有良好的条件。如生物质资源丰富：城市生活垃圾年产量超过 3.35 百万吨；可利用农作物秸秆超过 4.0 百万吨。在发展和利用风能方面，唐山潜力巨大：年平均风速达 2.4 米/秒；在沿海地区，年平均风速为 5.0 米/秒。然而，由于受高额的投资成本和复杂自然条件等因素的影响，新能源发展仍存在着很多局限。为了促进电力生产和提高新能源的发电比例，一些相应的激励政策已被制定，如通过在燃煤机组标杆上网电价的基础上为单位新能源发电量提供一定的补贴价格，为新能源的发展提供中期、长期激励。

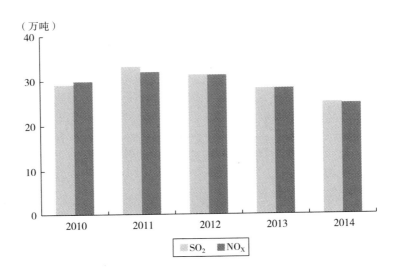

图 4-5　2010~2014 年唐山工业活动污染物排放情况

因此，鉴于唐山市电力系统存在的问题，本章研究的目标是构建基于不确定性优化方法的唐山市电力系统优化模型，用于解决以下问题：①捕捉存在于电力系统中的多重复杂性和不确定性问题；②在考虑补贴政策和大气污染削减方案的背景下，为传统电力转换技术和新能源电力转换技术识别最优的电力生产计划；③综合分析经济目标和系统稳定性之间的权衡，制定多种可供选择的决策方案。

（二）模型构建

电力系统主要由能源供应、电力生产、转换、运输以及消耗等部分组成。系统中，与能源需求输入、资本投入及运行成本相关的设备和技术主要为电力供应与需求服务。在供应端，能源资源（包括传统能源和新能源）在被终端用户利用之前应先进行转化；在需求端，与电力相关的终端能源载体供终端用户使用。此外，当电力供应不能满足电力需求时，应进行电力设施扩容或从其他区域购买额外的电力。根据唐山市经济、资源以及地理特征，为保障电力供应安全及经济健康有序发展，多种发电方式将被考虑。图4-6为唐山市电力系统框架，包括能源供应、电力生产、电力消耗以及污染物削减等。其中，能源供应主要包括煤、煤气、天然气、煤矸石和水能5种传统能源，以及生物质能、风能和太阳能3种新能源。为满足区域工业、商业、居民、农业等其他行业的需求，传统能源发电技术（燃煤发电、煤气发电、燃煤热电、燃气热电、煤矸石热电和水电）和新

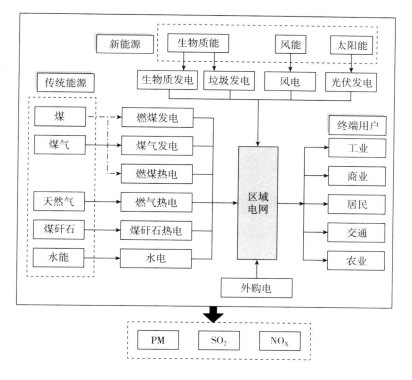

图4-6　唐山电力系统框架

能源发电技术（生物质发电、垃圾发电、风电和光伏发电）将会用于电力供应。当前唐山市市内电力生产能力还远远未能满足电力需求。因此，唐山每年会从周边电网调入大量的额外电力，来缓解电力供需矛盾。电力系统产生的污染物主要包括 PM、二氧化硫和氮氧化物。火力发电厂会安装除尘、脱硫和脱销等设备用于控制污染物排放，以达到相应的污染物排放标准。

根据上述分析，本书提出的区间两阶段随机鲁棒模型适用于多重不确定下唐山市电力系统和环境管理问题。该模型能够有效地处理存在于电力系统、呈区间和随机分布的复杂性和不确定性问题。为了满足多个终端用户的电力需求，多种电力转换技术将被考虑。同时，为了满足随机电力需求和推进大气污染削减方案的实施，新能源的开发和利用以及相关的激励政策将会得到充分的反映。本章目标是最小化系统成本，以 2015～2029 年为规划期，每 5 年为一个周期。当预先制定的电力生产计划不能满足未来电力需求时，将会采用经济追索措施。因此，模型可以表达成如下形式：

$$\text{Min} f^{\pm} = \sum_{i=1}^{6} \sum_{t=1}^{3} EC_{it}^{\pm} P_{it}^{\pm} + \sum_{k=1}^{10} \sum_{t=1}^{3} PG_{kt}^{\pm} X_{kt}^{\pm} + \sum_{k=1}^{10} \sum_{t=1}^{3} \sum_{h=1}^{3} p_{th} PW_{kt}^{\pm} Q_{kth}^{\pm} +$$

$$\sum_{t=1}^{3} \sum_{h=1}^{3} p_{th} IE_{t}^{\pm} IP_{th}^{\pm} + \sum_{k=1}^{10} \sum_{n=1}^{3} \sum_{t=1}^{3} \sum_{h=1}^{3} p_{th} Y_{knth}^{\pm} PE_{kt}^{\pm} EA_{knth}^{\pm} +$$

$$\sum_{k=1}^{10} \sum_{r=1}^{3} \sum_{t=1}^{3} CP_{kt}^{\pm} X_{kt}^{\pm} \eta_{krt}^{\pm} EF_{krt}^{\pm} + \sum_{k=1}^{10} \sum_{r=1}^{3} \sum_{t=1}^{3} \sum_{h=1}^{3} p_{th} PD_{krt}^{\pm} Q_{kth}^{\pm} \cdot$$

$$\eta_{krt}^{\pm} EF_{krt}^{\pm} - \sum_{k=1}^{10} \sum_{t=1}^{3} \sum_{h=1}^{3} A_{kt}^{\pm} (X_{kt}^{\pm} + Q_{kth}^{\pm}) + \omega \sum_{k=1}^{10} \sum_{t=1}^{3} \sum_{h=1}^{3} p_{th}$$

$$\left(W_{kth}^{\pm} - \sum_{k=1}^{3} \sum_{h=1}^{3} p_{th} W_{kth}^{\pm} + 2\sigma_{kth}^{\pm} \right) \tag{4-7}$$

$$W_{kth}^{\pm} = PW_{kt}^{\pm} Q_{kth}^{\pm} + IE_{t}^{\pm} IP_{th}^{\pm} + \sum_{n=1}^{3} Y_{knth}^{\pm} PE_{kt}^{\pm} EA_{knth}^{\pm} + \sum_{r=1}^{3} PD_{krt}^{\pm} Q_{kth}^{\pm} \cdot \eta_{krt}^{\pm} EF_{krt}^{\pm} \tag{4-8}$$

约束条件：

（1）质量平衡约束：

$$(X_{1t}^{\pm} + Q_{1th}^{\pm}) CG_{1t}^{\pm} + (X_{4t}^{\pm} + Q_{4th}^{\pm}) CG_{4t}^{\pm} \leqslant P_{1t}^{\pm}, \quad \forall t, h \tag{4-9}$$

$$(X_{2t}^\pm + Q_{2th}^\pm)CG_{2t}^\pm \leqslant P_{2t}^\pm , \quad \forall t, \ h \tag{4-10}$$

$$(X_{3t}^\pm + Q_{3th}^\pm)CG_{3t}^\pm \leqslant P_{3t}^\pm , \quad \forall t, \ h \tag{4-11}$$

$$(X_{5t}^\pm + Q_{5th}^\pm)CG_{5t}^\pm \leqslant P_{4t}^\pm , \quad \forall t, \ h \tag{4-12}$$

$$(X_{7t}^\pm + Q_{7th}^\pm)CG_{7t}^\pm \leqslant P_{5t}^\pm , \quad \forall t, \ h \tag{4-13}$$

$$(X_{8t}^\pm + Q_{8th}^\pm)CG_{8t}^\pm \leqslant P_{6t}^\pm , \quad \forall t, \ h \tag{4-14}$$

（2）传统能源资源可利用量约束：

$$P_{it}^\pm \leqslant UP_{it}^\pm , \quad i = 1, 2, 3, 4, \ \forall t \tag{4-15}$$

$$(X_{6t}^\pm + Q_{6th}^\pm)CG_{6t}^\pm \leqslant UPH_t^\pm , \quad \forall t, \ h \tag{4-16}$$

（3）新能源资源可利用量约束：

$$P_{5t}^\pm \leqslant TB_t^\pm \xi_{B,t}^\pm , \quad \forall t \tag{4-17}$$

$$P_{6t}^\pm \leqslant TW_t^\pm \xi_{W,t}^\pm , \quad \forall t \tag{4-18}$$

$$(X_{9t}^\pm + Q_{9th}^\pm)CG_{9t}^\pm \leqslant UPW_t^\pm , \quad \forall t, \ h \tag{4-19}$$

$$(X_{10t}^\pm + Q_{10th}^\pm)CG_{10t}^\pm \leqslant UPS_t^\pm , \quad \forall t, \ h \tag{4-20}$$

（4）电力需求平衡约束：

$$IP_{th}^\pm + \sum_{k=1}^{10}(X_{kt}^\pm + Q_{kth}^\pm) \geqslant DM_{th}^\pm , \forall t, h \tag{4-21}$$

$$IP_{th}^\pm \geqslant \zeta_t^\pm DM_{th}^\pm , \quad \forall t, \ h \tag{4-22}$$

（5）机组装机容量负荷约束：

$$\sum_{n=1}^{3}\sum_{t=1}^{t}(RC_k + Y_{knth}^\pm \cdot EA_{knth}^\pm)H_{kt}^\pm \geqslant X_{kt}^\pm + Q_{kth}^\pm , \quad \forall t, \ h, \ k = 1, 2, 3, 4,$$

$$5, 6, 7, 8, 9 \tag{4-23}$$

$$\sum_{n=1}^{3}\sum_{t=1}^{t}(RC_{10} + Y_{10nth}^\pm \cdot EA_{10nth}^\pm)H_{10t}^\pm \geqslant X_{10t}^\pm + Q_{10th}^\pm , \quad \forall t, \ h \tag{4-24}$$

$$H_{10t}^\pm = \frac{AS_t^\pm \beta}{I} , \quad \forall t \tag{4-25}$$

（6）污染物排放约束：

$$\sum_{k=1}^{11}(X_{kt}^\pm + Q_{kth}^\pm)(1 - \eta_{krt}^\pm)EF_{krt}^\pm \leqslant TP_{rt}^\pm , \quad \forall r, \ t, \ h \tag{4-26}$$

（7）扩容约束：

$$Y_{knth}^{\pm} \begin{cases} = 0；\text{不扩容} \\ = 1；\text{扩容} \end{cases}，\quad \forall k，t，h \qquad (4-27)$$

（8）追索约束：

$$W_{kth}^{\pm} - \sum_{k=1}^{3} \sum_{h=1}^{3} p_{th} W_{kth}^{\pm} + 2\sigma_{kth}^{\pm} \geq 0，\quad \forall k，t，h \qquad (4-28)$$

（9）非负约束：

$$X_{kt}^{\pm} \geq 0，\quad \forall k，t \qquad (4-29)$$

$$Q_{kht}^{\pm} \geq 0，\quad \forall k，t，h \qquad (4-30)$$

其中，i 表示能源种类，$i=1$ 为煤，$i=2$ 为煤气，$i=3$ 为天然气，$i=4$ 为煤矸石，$i=5$ 为生物质，$i=6$ 为垃圾；

k 表示电力转换技术类型，$k=1$ 为燃煤发电，$k=2$ 为煤气发电，$k=3$ 为燃煤热电联产，$k=4$ 为燃气热电联产，$k=5$ 为煤矸石热电联产，$k=6$ 为水电，$k=7$ 为生物质发电，$k=8$ 为垃圾发电，$k=9$ 为风电，$k=10$ 为光伏发电；

n 表示扩容选择方案；

h 表示电力需求水平，$h=1$ 为低水平，$h=2$ 为中水平，$h=3$ 为高水平；

r 表示污染物种类，$r=1$ 代表 PM，$r=2$ 代表二氧化硫，$r=3$ 代表氮氧化物；

t 表示规划期；

$P_{it}^{\pm}$ 表示 t 时期内能源 i 的供应量（10^{3} 吨）；

$X_{kt}^{\pm}$ 表示 t 时期内电力转换技术 k 预先制定的电力生产目标（GWh）；

$Q_{kth}^{\pm}$ 表示 t 时期内电力需求水平 h 下电力转换技术 k 的缺失电量（GWh）；

$IP_{th}^{\pm}$ 表示 t 时期内电力需求水平 h 下电力调入量（GWh）；

$Y_{knth}^{\pm}$ 为 0，1 二元变量，表示 t 时期内电力需求水平 h 下电力转换技术 k 是否在 n 扩容选择下扩容；

$EC_{it}^{\pm}$ 表示 t 时期内能源 i 的价格（10^{3} 元/10^{3} 吨）；

$PG_{kt}^{\pm}$ 表示 t 时期内电力转换技术 k 的常规运行成本（10^3 元/GWh）；

$PW_{kt}^{\pm}$ 表示 t 时期内电力转换技术 k 额外发电的惩罚运行成本（10^3 元/GWh）；

p_{th} 表示 t 时期内电力需求概率水平（%）；

$IE_t^{\pm}$ 表示 t 时期内调入电力价格（10^3 元/GWh）；

$PE_{kt}^{\pm}$ 表示 t 时期内电力转换技术 k 的扩容成本（10^3 元/MW）；

$EA_{knth}^{\pm}$ 表示 t 时期内电力需求水平 h 下电力转换技术 k 在 n 扩容选择下的扩容量（MW）；

$CP_{krt}^{\pm}$ 表示 t 时期内电力转换技术 k 产生的污染物 r 的去除成本（10^3 元/吨）；

$EF_{krt}^{\pm}$ 表示 t 时期内电力转换技术 k 产生的污染物 r 的单位电量的产污系数（吨/GWh）；

$PD_{krt}^{\pm}$ 表示 t 时期内电力转换技术 k 产生的污染物 r 的惩罚去除成本（10^3 元/吨）；

$A_{kt}^{\pm}$ 表示 t 时期内电力转换技术 k 的单位电量补贴成本（10^3 吨/GWh）；

$\eta_{krt}^{\pm}$ 表示 t 时期内电力转换技术 k 产生的污染物 r 的平均去除效率；

ω 表示权重系数；

$\sigma_{kth}^{\pm}$ 表示松弛变量；

$CG_{kt}^{\pm}$ 表示 t 时期内电力转换技术 k 单位发电量所消耗的能源量（10^3 吨/GWh）；

$UP_{it}^{\pm}$ 表示 t 时期内能源 i 的可利用资源量上限（10^3 吨）；

$UPH_t^{\pm}$ 表示 t 时期内水力资源可利用量上限（PJ）；

$TB_t^{\pm}$ 表示 t 时期内生物质资源总量（10^3 吨）；

$\xi_{B,t}^{\pm}$ 表示 t 时期内生物质发电比例；

$TW_t^{\pm}$ 表示 t 时期内垃圾资源总量（10^3 吨）；

$\xi_{W,t}^{\pm}$ 表示 t 时期内垃圾发电比例；

$UPW_t^{\pm}$ 表示 t 时期内风能资源可利用量上限（PJ）；

$UPS_t^\pm$ 表示 t 时期内太阳能资源可利用量上限（PJ）；

$DM_{th}^\pm$ 表示 t 时期内电力需求量（GWh）；

$\zeta_t^\pm$ 表示 t 时期内调入电力的比重；

RC_k 表示电力转换技术 k 的初始装机容量（MW）；

$H_{kt}^\pm$ 表示 t 时期内电力转换技术 k 的运行时间（小时）；

$AS_t^\pm$ 表示 t 时期内年平均太阳辐射总量（MJ/平方米）；

β 表示太阳能阵列的倾斜角；

I 表示标准太阳辐射强度（1000 瓦/平方米）；

$TP_{rt}^\pm$ 表示 t 时期内污染物 r 的允许排放量（吨）。

（三）数据收集与情景分析

电力系统相关的经济和技术参数主要来自政府报告和其他相关文献（Zhu 等，2011；Dong 等，2012）。根据唐山市统计局和对现有电力数据的分析，预先制定了三种可能的电力需求水平，如表 4 – 1 所示。

表 4 – 1　不同时期的电力需求量（10^3 GWh）

需求水平	概率（%）	时期 1	时期 2	时期 3
低	25	［462.70，472.00］	［510.80，547.30］	［564.10，634.60］
中	50	［482.00，491.30］	［575.50，627.00］	［676.30，800.60］
高	25	［501.2，506.25］	［671.00，686.97］	［797.50，828.55］

表 4 – 2 给出了规划期内各种电力转换技术的电力生产目标。为了推动电力系统结构调整和提供多种可供选择的优化方案，本章设置了多种情景：三种补贴情景和三种污染物削减水平。不同的污染物减排方案和补贴政策会带来多样的发电计划和变化的电力结构。基于我国现行的新能源发电补贴政策制度，本案例主要讨论了三种不同补贴情景（情景 1：不考虑补贴政策；情景 2：新能源单位发电量补贴价格保持在现行水平；情景 3：补贴价格较高）下的区域电力系统结构、新能源发展情况以及污染物减排策略。表 4 – 3 给出了规划期内新能源单位发电量补贴价格。在污染物减

排情景中，情形 1 表示基于环境保护目标和电力结构调整的现行状态，污染物排放量将控制在一定的水平之内；情形 2 表示污染物排放量将削减 10%；情形 3 表示污染物排放量将削减 15%。

表 4-2　不同时期各电力转换技术的电力生产目标（10^3 GWh）

转换技术	时期 1	时期 2	时期 3
燃煤发电	[110.00，165.00]	[95.45，151.00]	[80.00，135.15]
煤气发电	[30.00，60.00]	[35.00，67.50]	[42.00，77.00]
燃煤热电联产	[32.50，52.50]	[45.00，66.00]	[52.80，75.30]
燃气热电联产	[23.50，41.50]	[36.50，55.20]	[45.80，65.30]
煤矸石热电联产	[15.00，25.00]	[16.30，26.80]	[18.05，28.05]
水电	[12.50，20.00]	[13.55，21.55]	[14.50，23.00]
生物质发电	[2.00，3.50]	[3.70，5.70]	[5.70，8.20]
垃圾发电	[2.05，4.05]	[4.20，6.50]	[7.00，9.80]
风电	[12.00，18.50]	[19.50，26.20]	[24.30，31.30]
光伏发电	[0.70，1.20]	[1.20，1.85]	[2.05，2.85]

表 4-3　新能源单位发电量补贴价格（10^3 元/GWh）

转换技术	补贴水平	时期 1	时期 2	时期 3
生物质发电	低	0	0	0
	中	[335.00，341.20]	[340.00，346.00]	[345.00，351.00]
	高	[535.00，541.20]	[540.00，546.00]	[545.00，551.00]
垃圾发电	低	0	0	0
	中	[235.00，241.20]	[240.00，246.50]	[245.00，251.00]
	高	[435.00，441.20]	[440.00，446.50]	[445.00，451.00]
风电	低	0	0	0
	中	[195.00，201.20]	[250.00，255.30]	[301.20，306.40]
	高	[395.00，401.20]	[450.00，455.30]	[501.20，506.40]
光伏发电	低	0	0	0
	中	[535.00，541.20]	[543.50，550.20]	[550.00，556.00]
	高	[735.00，741.20]	[743.00，750.20]	[750.00，756.00]

四、结果分析与讨论

本章的鲁棒系数 ω 代表风险规避等级：$\omega = 0$ 表示决策者不考虑追索成本的可变性，对风险持有乐观态度；$\omega = 1$ 表示决策者对风险持有规避立场。鲁棒系数越高，鲁棒等级越为强健。本章的决策在 $\omega = 1$ 下产生，代表低风险性。

（一）电力生产方案

表 4-4 和表 4-5 分别给出了不同补贴情景和减排情形下各电力转换技术（传统发电技术和新能源发电技术）的优化电力生产目标。每种发电技术的电力优化发展目标可以通过 $X_{kt}^{\pm} = X_{kt}^{-} + \lambda_{ktopt}\Delta X$ 获得。由结果可知，燃煤发电在唐山市电力生产活动中占据着重要的位置。这种情形之所以会出现，一方面是煤炭具有相对低廉的价格和转换成本，另一方面是唐山市煤炭资源丰富。在没有考虑补贴政策的形势下，即补贴情景 1 中，对于燃煤发电转换技术，其规划期内优化目标发电量分别为 $112.82 \times 10^{3}\,\mathrm{GWh}$、$109.57 \times 10^{3}\,\mathrm{GWh}$ 和 $114.72 \times 10^{3}\,\mathrm{GWh}$（$\lambda_{11opt} = 0.05$，$\lambda_{12opt} = 0.25$，$\lambda_{13opt} = 0.63$）。这主要是因为燃煤发电技术对应着较低的常规和额外运行成本，当污染物排放控制不严格时，系统将会自动选择燃煤发电。对于燃气热电联产，在情形 1 减排水平下，其优化目标发电量分别为 $37.54 \times 10^{3}\,\mathrm{GWh}$、$48.54 \times 10^{3}\,\mathrm{GWh}$ 和 $65.30 \times 10^{3}\,\mathrm{GWh}$（$\lambda_{41opt} = 0.78$，$\lambda_{42opt} = 0.64$，$\lambda_{43opt} = 1$），呈现增长的趋势。为了节约资源和降低二次污染，垃圾发电方式将得到快速的发展，结果为 $\lambda_{41opt} = 0.34$，$\lambda_{42opt} = 0.54$，$\lambda_{43opt} = 0.63$，表明规划期内其优化目标发电量分别为 $2.74 \times 10^{3}\,\mathrm{GWh}$、$5.45 \times 10^{3}\,\mathrm{GWh}$ 和 $8.77 \times 10^{3}\,\mathrm{GWh}$。光伏优化目标发电量分别为 $0.76 \times 10^{3}\,\mathrm{GWh}$、$1.39 \times 10^{3}\,\mathrm{GWh}$ 和

$2.32 \times 10^3 \mathrm{GWh}$。伴随着污染排放约束限制的提升，燃煤发电量将会减少。例如，在情形 3 下，其优化目标发电量分别为 $110.00 \times 10^3 \mathrm{GWh}$、$95.45 \times 10^3 \mathrm{GWh}$ 和 $80.00 \times 10^3 \mathrm{GWh}$（$\lambda_{11opt} = \lambda_{12opt} = \lambda_{13opt} = 0$）。因为燃煤发电具有较高的污染物排放率，为了满足污染物减排及电力结构调整的要求，决策者不得不许诺给燃煤发电较低的生产定额。相比较而言，风电优化目标发电量会得到一定的增长：在情形 1 下，规划期内其优化目标发电定额分别为 $12.44 \times 10^3 \mathrm{GWh}$、$21.41 \times 10^3 \mathrm{GWh}$ 和 $24.73 \times 10^3 \mathrm{GWh}$；在情形 3 下，其定额分别为 $15.20 \times 10^3 \mathrm{GWh}$、$23.00 \times 10^3 \mathrm{GWh}$ 和 $24.73 \times 10^3 \mathrm{GWh}$。

如表 4 - 4 所示，随着补贴价格的提高，传统能源电力转换技术的优化电力生产目标变化不明显。例如，情形 1 下，规划期内水电优化目标发电量分别为 $12.50 \times 10^3 \mathrm{GWh}$、$13.55 \times 10^3 \mathrm{GWh}$ 和 $16.23 \times 10^3 \mathrm{GWh}$（情景 1）；$12.50 \times 10^3 \mathrm{GWh}$、$13.55 \times 10^3 \mathrm{GWh}$ 和 $16.13 \times 10^3 \mathrm{GWh}$（情景 2）；$12.50 \times 10^3 \mathrm{GWh}$、$13.55 \times 10^3 \mathrm{GWh}$ 和 $16.07 \times 10^3 \mathrm{GWh}$（情景 3）。在情形 2 减排水平下，燃煤优化电力生产目标分别为 $110.00 \times 10^3 \mathrm{GWh}$、$101.67 \times 10^3 \mathrm{GWh}$ 和 $87.01 \times 10^3 \mathrm{GWh}$（情景 1）；$110.00 \times 10^3 \mathrm{GWh}$、$101.59 \times 10^3 \mathrm{GWh}$ 和 $86.89 \times 10^3 \mathrm{GWh}$（情景 2）；$110.00 \times 10^3 \mathrm{GWh}$、$101.59 \times 10^3 \mathrm{GWh}$ 和 $86.89 \times 10^3 \mathrm{GWh}$（情景 3）。结果表明，补贴政策对传统能源发电技术不会产生明显的影响。相比之下，新能源优化发电目标会随着补贴力度的加大而提高（见表 4 - 5）。例如，在情形 1 下，对于生物质发电，规划期内其优化发电目标分别为 $2.00 \times 10^3 \mathrm{GWh}$、$3.70 \times 10^3 \mathrm{GWh}$ 和 $6.40 \times 10^3 \mathrm{GWh}$（情景 1）；$2.61 \times 10^3 \mathrm{GWh}$、$4.28 \times 10^3 \mathrm{GWh}$ 和 $6.40 \times 10^3 \mathrm{GWh}$（情景 2）；$2.61 \times 10^3 \mathrm{GWh}$、$4.28 \times 10^3 \mathrm{GWh}$ 和 $6.42 \times 10^3 \mathrm{GWh}$（情景 3）。这主要是因为财政补贴政策降低了传统能源发电的成本优势，提高了发电企业发展新能源的积极性。同时，结果也表明当补贴水平达到一定程度时（当补贴水平从情景 2 增长到情景 3 时），新能源优化目标发电量不会发生显著的变化。此外，随着污染减排水平的提高，新能源发电量变化不大，这主要归因于外购电力和其他因素的影响。

表 4 – 4 传统发电技术优化电力生产目标

减排水平	转换技术	优化生产目标 X_{ktopt} （10^3 GWh）								
		补贴 1			补贴 2			补贴 3		
		时期 1	时期 2	时期 3	时期 1	时期 2	时期 3	时期 1	时期 2	时期 3
减排 1	燃煤发电	112.82	109.57	114.72	111.90	108.75	114.01	111.90	108.75	113.53
	煤气发电	37.15	47.58	58.33	37.15	47.58	58.33	37.15	47.58	58.33
	燃煤热电联产	52.50	60.52	60.93	52.50	60.52	60.93	52.50	60.52	60.93
	燃气热电联产	37.54	48.54	65.30	37.54	48.54	65.30	37.54	48.54	65.30
	煤矸石热电联产	18.75	22.08	18.73	18.75	22.08	18.80	18.75	22.08	18.85
	水电	12.50	13.55	16.23	12.50	13.55	16.13	12.50	13.55	16.07
减排 2	燃煤发电	110.00	101.67	87.01	110.00	101.59	86.89	110.00	101.59	86.89
	煤气发电	37.15	47.58	58.87	37.15	47.58	58.87	37.15	47.58	58.87
	燃煤热电联产	33.71	45.00	61.35	33.37	45.00	61.35	33.37	45.00	61.35
	燃气热电联产	37.54	48.54	65.30	37.54	48.54	65.30	37.54	48.54	65.30
	煤矸石热电联产	18.75	22.08	18.96	18.75	22.08	18.97	18.75	22.08	18.97
	水电	16.00	18.09	20.45	16.00	18.09	20.45	16.00	18.09	20.45
减排 3	燃煤发电	110.00	95.45	80.00	110.00	95.45	80.00	110.00	95.45	80.00
	煤气发电	30.23	47.58	58.87	30.23	47.58	58.87	30.23	47.58	58.87
	燃煤热电联产	32.50	45.00	57.98	32.50	45.00	55.53	32.50	45.00	55.53
	燃气热电联产	28.54	41.77	65.30	28.54	41.77	65.30	28.54	41.77	65.30
	煤矸石热电联产	17.50	19.77	18.28	17.50	19.77	18.31	17.50	19.77	18.31
	水电	16.00	18.09	20.45	16.00	18.09	20.45	16.00	18.09	20.45

表 4 – 5 新能源发电技术优化电力生产目标

减排水平	转换技术	优化生产目标 X_{ktopt} （10^3 GWh）								
		补贴 1			补贴 2			补贴 3		
		时期 1	时期 2	时期 3	时期 1	时期 2	时期 3	时期 1	时期 2	时期 3
减排 1	生物质发电	2.00	3.70	6.40	2.61	4.28	6.40	2.61	4.28	6.42
	垃圾发电	2.74	5.45	8.77	2.74	5.45	9.51	2.74	5.45	9.80
	风电	12.44	21.41	24.73	15.20	23.00	24.73	15.20	23.00	24.73
	光伏发电	0.76	1.39	2.32	0.76	1.39	2.32	0.76	1.39	2.32

续表

减排水平	转换技术	优化生产目标 X_{ktopt} （10^3GWh）								
		补贴 1			补贴 2			补贴 3		
		时期 1	时期 2	时期 3	时期 1	时期 2	时期 3	时期 1	时期 2	时期 3
减排 2	生物质发电	2.00	3.70	6.42	2.00	3.70	6.42	2.00	3.70	6.42
	垃圾发电	2.41	5.37	9.80	2.74	5.45	9.80	2.74	5.45	9.80
	风电	15.20	23.00	24.73	15.20	23.00	24.73	15.20	23.00	24.73
	光伏发电	0.76	1.39	2.32	0.76	1.39	2.32	0.76	1.39	2.32
减排 3	生物质发电	2.00	3.70	6.42	2.00	3.70	6.42	2.00	3.70	6.42
	垃圾发电	2.05	4.20	7.29	2.05	4.20	9.80	2.05	4.20	9.80
	风电	15.20	23.00	24.73	15.20	23.00	24.73	15.20	23.00	24.73
	光伏发电	0.76	1.39	2.32	0.76	1.39	2.32	0.76	1.39	2.32

表 4-6~表 4-8 展示了情形 1 减排水平和不同补贴情景下各种电力转换技术的优化电力生产方案。如表 4-6 所示，在第 1 时期内的各个电力需求水平下，电力短缺情况基本上不会发生。例如，对于燃煤热电联产，各种补贴情景下其优化缺失电量都为 0。这主要归因于两方面因素的影响：①在第 1 时期内，预先制定的发电计划能够在一定程度上满足电力需求；②为了补偿电力缺失，额外的电力会从周边电网调入。伴随着社会和经济的快速发展，电力需求将会逐渐增加，电力短缺可能会发生。例如，第 2 时期内，当电力需求水平为低时，煤气发电在情景 1~情景 3 下的电力缺失量分别为 $[0，6.31]×10^3$GWh、$[0，7.12]×10^3$GWh 和 $[0，7.12]×10^3$GWh；相应地，三种情景下其优化发电量分别为 $[47.58，53.99]×10^3$GWh、$[47.58，54.70]×10^3$GWh 和 $[47.58，54.70]×10^3$GWh（见表 4-6~表 4-8）。由于煤气发电具有相对较低的购买成本、常规和附加运行成本，越来越多的煤气将会用于电力供应。对于燃气热电联产，各种情景下电力缺失电量分别为 $[0，4.22]×10^3$GWh、$[0，3.49]×10^3$GWh 和 $[0，3.49]×10^3$GWh。另外，各个电力需求水平下，其优化发电量将会快速地增长。例如，在情景 2 下，当电力需求水平为高时，燃气

表 4 - 6   减排 1 水平下各种电力转换技术的优化电力生产方案（第 1 时期）

转换技术	需求水平	概率（%）	补贴 1		补贴 2		补贴 3	
			$Q^{\pm}_{khtopt}$	$X_{ktopt} + Q^{\pm}_{khtopt}$	$Q^{\pm}_{khtopt}$	$X_{ktopt} + Q^{\pm}_{khtopt}$	$Q^{\pm}_{khtopt}$	$X_{ktopt} + Q^{\pm}_{khtopt}$
燃煤发电	低	25	0	112.82	0	111.90	0	111.90
	中	50	0	112.82	0	111.90	0	111.90
	高	25	0	112.82	0	111.90	0	111.90
煤气发电	低	25	0	37.15	0	37.15	0	37.15
	中	50	0	37.15	0	37.15	0	37.15
	高	25	0	37.15	0	37.15	0	37.15
燃煤热电联产	低	25	0	52.50	0	52.50	0	52.50
	中	50	0	52.50	0	52.50	0	52.50
	高	25	0	52.50	0	52.50	0	52.50
燃气热电联产	低	25	0	37.54	0	37.54	0	37.54
	中	50	0	37.54	0	37.54	0	37.54
	高	25	0	37.54	0	37.54	0	37.54
煤矸石热电联产	低	25	0	18.75	0	18.75	0	18.75
	中	50	0	18.75	0	18.75	0	18.75
	高	25	0	18.75	0	18.75	0	18.75
水电	低	25	0	12.50	0	12.50	0	12.50
	中	50	0	12.50	0	12.50	0	12.50
	高	25	3.50	16.00	3.50	16.00	3.50	16.00
生物质发电	低	25	0	2.00	0	2.61	0	2.61
	中	50	0	2.00	0	2.61	0	2.61
	高	25	0	2.00	0	2.61	0	2.61
垃圾发电	低	25	0	2.74	0	2.74	0	2.74
	中	50	0	2.74	0	2.74	0	2.74
	高	25	0	2.74	0	2.74	0	2.74
风电	低	25	0	12.44	0	15.20	0	15.20
	中	50	0	12.44	0	15.20	0	15.20
	高	25	2.76	15.20	0	15.20	0	15.20
光伏发电	低	25	0	0.76	0	0.76	0	0.76
	中	50	0	0.76	0	0.76	0	0.76
	高	25	1.21	1.97	1.21	1.97	1.21	1.97

表4-7　减排1水平下各种电力转换技术的优化电力生产方案（第2时期）

转换技术	需求水平	概率(%)	补贴1		补贴2		补贴3	
			$Q^{\pm}_{khtopt}$	$X_{khtopt} + Q^{\pm}_{khtopt}$	$Q^{\pm}_{khtopt}$	$X_{khtopt} + Q^{\pm}_{khtopt}$	$Q^{\pm}_{khtopt}$	$X_{khtopt} + Q^{\pm}_{khtopt}$
燃煤发电	低	25	0	109.57	0	108.75	0	108.75
	中	50	0	109.57	0	108.75	0	108.75
	高	25	0	109.57	0	108.75	0	108.75
煤气发电	低	25	[0, 6.31]	[47.58, 53.99]	[0, 7.12]	[47.58, 54.70]	[0, 7.12]	[47.58, 54.70]
	中	50	[0, 6.31]	[47.58, 53.99]	[0, 7.12]	[47.58, 54.70]	[0, 7.12]	[47.58, 54.70]
	高	25	[0, 6.31]	[47.58, 53.99]	[0, 7.12]	[47.58, 54.70]	[0, 7.12]	[47.58, 54.70]
燃煤热电联产	低	25	0	60.52	0	60.52	0	60.52
	中	50	0	60.52	0	60.52	0	60.52
	高	25	0	60.52	0	60.52	0	60.52
燃气热电联产	低	25	[0, 4.22]	[48.54, 52.76]	[0, 3.49]	[48.54, 52.01]	[0, 3.49]	[48.54, 52.01]
	中	50	[0, 4.22]	[48.54, 52.76]	[0, 3.49]	[48.54, 52.01]	[0, 3.49]	[48.54, 52.01]
	高	25	[0, 4.22]	[48.54, 52.76]	[0, 3.49]	[48.54, 52.01]	[0, 3.49]	[48.54, 52.01]
煤矸石热电联产	低	25	0	22.08	0	22.08	0	22.08
	中	50	0	22.08	0	22.08	0	22.08
	高	25	0	22.08	0	22.08	0	22.08

续表

转换技术	需求水平	概率（%）	补贴1		补贴2		补贴3	
			$Q_{khvopt}^{\pm}$	$X_{kiopt}+Q_{khvopt}^{\pm}$	$Q_{khtopt}^{\pm}$	$X_{kiopt}+Q_{khtopt}^{\pm}$	$Q_{khtopt}^{\pm}$	$X_{kiopt}+Q_{khtopt}^{\pm}$
水电	低	25	0	13.55	0	13.55	0	13.55
	中	50	0	13.55	0	13.55	0	13.55
	高	25	[4.54, 9.07]	[18.09, 22.62]	[4.54, 9.07]	[18.09, 22.62]	[4.54, 9.07]	[18.09, 22.62]
生物质发电	低	25	0	3.70	0	4.28	0	4.28
	中	50	0	3.70	0	4.28	0	4.28
	高	25	0	3.70	0	4.28	0	4.28
垃圾发电	低	25	0	5.45	0	5.45	0	5.45
	中	50	0	5.45	0	5.45	0	5.45
	高	25	0	5.45	0	5.45	0	5.45
风电	低	25	0	21.41	[0, 0.10]	[23.00, 23.10]	[0, 0.10]	[23.00, 23.10]
	中	50	0	21.41	[0, 0.10]	[23.00, 23.10]	[0, 2.20]	[23.00, 25.20]
	高	25	[2.59, 3.79]	[24.00, 25.20]	[1.00, 2.20]	[24.00, 25.20]	[1.00, 2.20]	[24.00, 25.20]
光伏发电	低	25	0	1.39	[0, 0.01]	[1.39, 1.40]	[0, 0.01]	[1.39, 1.40]
	中	50	0	1.39	[0, 0.01]	[1.39, 1.40]	[0, 0.01]	[1.39, 1.40]
	高	25	[0.44, 0.46]	[1.83, 1.85]	[0.44, 0.46]	[1.83, 1.85]	[0.44, 0.46]	[1.83, 1.85]

表4-8　减排1水平下各种电力转换技术的优化电力生产方案（第3时期）

转换技术	需求水平	概率(%)	补贴1 $Q_{khtopt}^{\pm}$	补贴1 $X_{ktopt}+Q_{khtopt}^{\pm}$	补贴2 $Q_{khtopt}^{\pm}$	补贴2 $X_{khtopt}+Q_{khtopt}^{\pm}$	补贴3 $Q_{khtopt}^{\pm}$	补贴3 $X_{khopt}+Q_{khtopt}^{\pm}$
燃煤发电	低	25	0	114.72	0	114.01	0	113.53
	中	50	0	114.72	0	114.01	0	113.53
	高	25	0	114.72	0	114.01	0	113.53
煤气发电	低	25	[0.54, 4.07]	[58.87, 62.40]	[0.54, 4.07]	[58.87, 62.40]	[0.54, 1.07]	[58.87, 59.40]
	中	50	[0.54, 4.07]	[58.87, 62.40]	[0.54, 4.07]	[58.87, 62.40]	[0.54, 1.07]	[58.87, 59.40]
	高	25	[0, 4.05]	[58.33, 62.38]	[0, 4.05]	[58.33, 62.38]	[0, 1.07]	[58.33, 59.40]
燃煤热电联产	低	25	0.42	61.33	0.42	61.33	0.42	61.33
	中	50	0.42	61.33	0.42	61.33	0.42	61.33
	高	25	0.42	61.33	[0, 0.43]	[60.93, 61.33]	[0, 0.43]	[60.93, 61.34]
燃气热电联产	低	25	[1.30, 8.43]	[66.60, 73.73]	[1.30, 8.48]	[66.60, 73.78]	[1.30, 8.50]	[66.60, 73.80]
	中	50	[1.30, 8.43]	[66.60, 73.73]	[1.30, 8.48]	[66.60, 73.78]	[1.30, 8.50]	[66.60, 73.80]
	高	25	[2.42, 8.45]	[67.72, 73.73]	[2.42, 8.48]	[67.72, 73.78]	[2.42, 8.50]	[67.72, 73.80]
煤矸石热电联产	低	25	[0, 1.05]	[18.73, 19.78]	[0, 0.92]	[18.80, 19.72]	[0, 1.95]	[18.85, 20.80]
	中	50	[0, 1.05]	[18.73, 19.78]	[0, 0.92]	[18.80, 19.72]	[0, 1.95]	[18.85, 20.80]
	高	25	[0.34, 1.05]	[19.07, 19.78]	[0.34, 0.91]	[19.14, 19.71]	[0.34, 1.95]	[19.19, 20.80]

续表

转换技术	需求水平	概率(%)	补贴 1		补贴 2		补贴 3	
			$Q_{khtopt}^{\pm}$	$X_{ktopt}+Q_{khtopt}^{\pm}$	$Q_{khtopt}^{\pm}$	$X_{ktopt}+Q_{khtopt}^{\pm}$	$Q_{khtopt}^{\pm}$	$X_{ktopt}+Q_{khtopt}^{\pm}$
水电	低	25	0	16.23	0	16.13	0	16.07
	中	50	[0, 9.39]	[16.23, 25.62]	[0, 9.52]	[16.13, 25.65]	[0, 8.20]	[16.07, 24.27]
	高	25	[4.22, 9.42]	[20.45, 25.65]	[4.32, 9.32]	[20.45, 25.45]	[4.38, 10.25]	[20.45, 26.32]
生物质发电	低	25	0.02	6.42	0.02	6.42	[0, 0.31]	[6.42, 6.73]
	中	50	0.02	6.42	0.02	6.42	[0, 0.31]	[6.42, 6.73]
	高	25	0	6.40	0	6.40	[0, 0.31]	[6.42, 6.73]
垃圾发电	低	25	[0, 0.43]	[8.77, 9.20]	[0, 0.38]	[9.51, 9.89]	[0.08, 1.28]	[9.88, 11.08]
	中	50	[0, 0.43]	[8.77, 9.20]	[0, 0.38]	[9.51, 9.89]	[0.08, 1.28]	[9.88, 11.08]
	高	25	[0, 0.45]	[8.77, 9.22]	[0, 0.39]	[9.51, 9.90]	[0.08, 1.28]	[9.88, 11.08]
风电	低	25	0	24.73	[0, 0.03]	[24.73, 24.76]	[0, 0.03]	[24.73, 24.76]
	中	50	[0, 0.03]	[24.73, 24.76]	[0, 0.03]	[24.73, 24.76]	[0, 2.28]	[24.73, 27.01]
	高	25	[11.83, 13.53]	[36.56, 38.26]	[11.83, 13.53]	[36.56, 38.26]	[11.83, 13.53]	[36.56, 38.26]
光伏发电	低	25	0	2.32	[0, 0.03]	[2.32, 2.35]	[0, 0.03]	[2.32, 2.35]
	中	50	[0, 0.03]	[2.32, 2.35]	[0, 0.03]	[2.32, 2.35]	[0, 0.03]	[2.32, 2.35]
	高	25	[0.43, 0.47]	[2.75, 2.79]	[0.67, 0.71]	[2.99, 3.03]	[0.67, 0.71]	[2.99, 3.03]

优化发电量分别为 37.54 × 10³GWh、[48.54，52.76] × 10³GWh 和 [67.72，73.73] × 10³GWh。这主要是因为伴随着社会经济的发展，人们对环境质量的要求也越来越高，清洁能源（如天然气）将得到鼓励发展。大体上，当采取补贴政策时，新能源发电量将会得到提升。例如，第 2 时期内，当电力需求水平为低时，不同补贴情景下的风电优化发电量分别为 21.41 × 10³GWh、[23.00，23.10] × 10³GWh 和 [23.00，23.10] × 10³GWh。此外，当电力需求水平发生变化时，传统能源（煤、天然气、煤矸石等）优化发电量变化趋势较小；与之相反，新能源优化发电量将发生一定的变化。这表明新能源对于该地区的电力供应具有一定的调控作用。然而，受到可获得资源量、装机容量和环境风险等多方面因素的限制，区域内一些新能源发展缓慢，需加大对新能源的扶持力度，推动新能源的开发与利用。

图 4-7 和图 4-8 给出了各种补贴情景和减排情形下传统能源与新能源电力转换技术总发电量情况。结果表明，随着污染减排水平的提高，规划期内传统能源优化发电总量将会减少。例如，在情景 2 下，当电力需求水平为低、中、高时，第 2 时期内，传统能源发电总量分别为 287.47 × 10³GWh、287.47 × 10³GWh 和 [292.00，293.44] × 10³GWh（情形 1）；[267.66，274.41] × 10³GWh、[267.66，278.94] × 10³GWh 和 [267.66，278.94] × 10³GWh（情形 3）。这是因为相比于新能源发电，传统能源发电具有较高的污染物排放率。

图 4-7 和图 4-8 的结果同时表明，补贴政策对传统能源发电总量影响不大。相反，当污染减排水平一定时，随着补贴水平的提高，新能源优化发电总量将会发生变化。以高电力需求水平为例，在情形 1 下，新能源优化发电总量会随着补贴水平的提高而增加，三个规划期内其发电总量分别为 17.94 × 10³GWh、31.95 × 10³GWh 和 [42.23，42.71] × 10³GWh（情景 1）；[21.31，22.21] × 10³GWh、[34.12，34.24] × 10³GWh 和 [42.97，43.40] × 10³GWh（情景 2）；[21.31，22.21] × 10³GWh、[34.12，36.34] × 10³GWh 和 [43.46，47.16] × 10³GWh（情景 3）。在

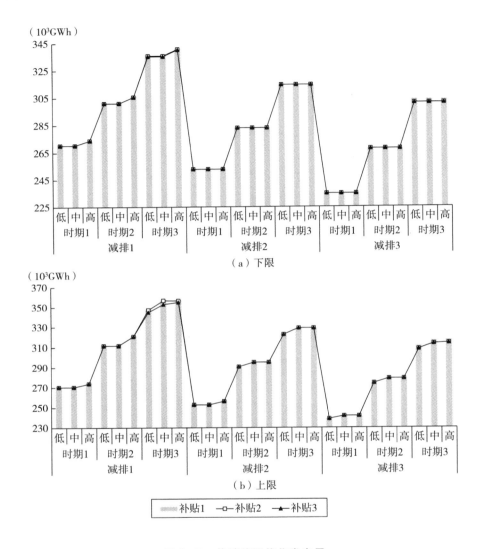

图 4-7 传统能源优化发电量

不同的补贴情景和减排水平下，新能源发电比重将会明显地提高。例如，在情景 2 下，当电力需求水平为低时，规划期内新能源发电比重分别为［7.31，7.59］%、［9.90，10.18］% 和［11.11，11.35］%（情形 1）；［7.57，8.05］%、［10.38，10.60］% 和［11.89，12.15］%（情形 2）；［7.86，8.02］%、

[10.56，10.77]%和[12.34，12.59]%（情形3）。结果说明，随着环境保护和电力结构调整政策的进一步实施，区域内新能源将会得到快速发展。

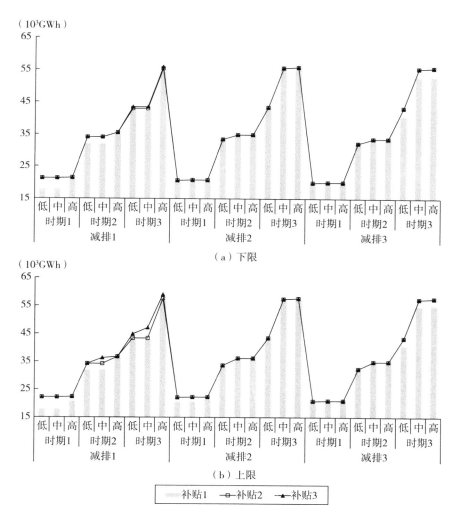

图4-8 新能源优化发电量

（二）扩容方案

图 4-9 给出了规划期内不同减排情景下各电力转换技术的扩容方案（情景 2）。大体上当电力需求水平不断提高时，电力短缺现象将会出现，而当现有电力生产能力不能满足需求时，为确保电力供应安全，势必要对各电厂机组进行扩容。然而，如图 4-8 所示，无论电力需求水平如何变化，

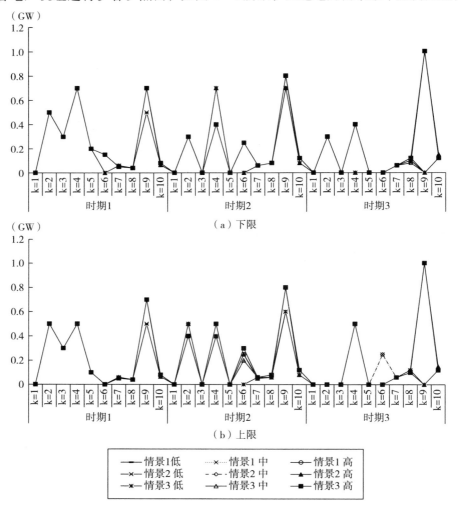

（a）下限

（b）上限

图 4-9　补贴 2 情景下的扩容方案

燃煤电厂都不会发生扩容，这主要是由于：①污染物排放的约束；②外来电力的影响；③现有燃煤装机容量能够满足生产需求。同时，由于污染物减排的压力，环境友好型能源将会得到快速发展，如燃气热电联产扩容将会出现在各个时期。例如，在情形1中各个电力需求水平下，燃气热电联产第1时期发电扩容全部为［0.5，0.7］GW；第2时期扩容分别为［0.4，0.7］GW、［0.4，0.7］GW和0.4GW；第3时期扩容分别为［0，0.5］GW、［0，0.5］和［0.4，0.5］GW。对于煤矸石热电联产，扩容仅仅发生在第1时期内；在三种减排水平下，不管电力需求水平如何变化，其扩容分别为［0.1，0.2］GW、［0.1，0.2］GW和0.1GW。为了促进电力系统健康有序地发展，越来越多的新能源会被选择和扩容。例如，在情景2下，当需求水平为低、中、高时，第1时期风电的生产扩容全部为0.7GW；第2时期，扩容分别为［0.6，0.7］GW、［0.6，0.7］GW和0.8GW；第3时期，扩容分别为0GW、0GW和1GW。结果说明，当电力需求水平为中和高时，风电将达到扩容上限。

（三）大气污染控制

图4-10给出了规划期内不同补贴情景下污染物排放的情况（情形1，即减排情景1）。通过实施污染物排放控制和电力结构调整政策，发展和利用新能源以及提升污染物的处理效率等多种手段，污染物排放量呈现出明显的下降趋势。例如，在情景2下，三个规划期内，氮氧化物的排放量分别为［177.73，203.13］×10^3吨、［149.28，175.36］×10^3吨和［132.35，155.46］×10^3吨；PM的排放量分别为［90.95，94.46］×10^3吨、［84.54，85.40］×10^3吨和［70.63，73.08］×10^3吨。从图4-10中也可以看出，补贴政策在一定程度上影响了污染物的排放。例如，随着补贴水平的提高，二氧化硫的排放量将会呈现降低趋势：第1时期内三种补贴情景下，二氧化硫的排放量分别为［146.76，168.35］×10^3吨、［146.09，167.61］×10^3吨和［146.09，167.61］×10^3吨。其主要原因在于补贴政策能够促进新能源发电。同时，PM的排放量会有略微的增长。这是因为

补贴水平的提高，具有高 PM 排放率的生物质和垃圾发电量将会有所增加。结果同时说明，为了实现污染物减排目标，改善大气环境质量，应进一步推广新能源产业，提高新能源发电在区域电力结构中的比例。

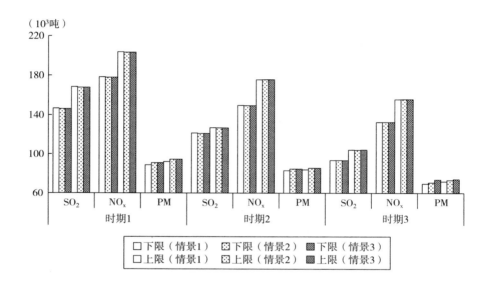

图 4 - 10　减排 1 情景下污染物排放量

（四）系统成本

图 4 - 11 给出了不同补贴情景下和减排水平以及四个鲁棒等级下的系统成本。如图所示，当鲁棒等级提高时，电力系统成本呈现增长的趋势。例如，在情形 1 中补贴情景 1 下，当 ω 分别为 0、0.3、0.5 和 1 时，系统成本分别为 $[590.59，747.09] \times 10^9$ 元、$[592.41，749.58] \times 10^9$ 元、$[593.29，750.13] \times 10^9$ 元和 $[593.61，750.14] \times 10^9$ 元。结果表明，在系统经济性和风险性之间存在一种权衡关系。总体来说，随着 ω 等级的提高，系统失败的风险将会降低，系统的可行性和稳定性将会得到提升。较高的 ω 等级会带来较高的系统成本，同时，环境约束将会得到满足；反之

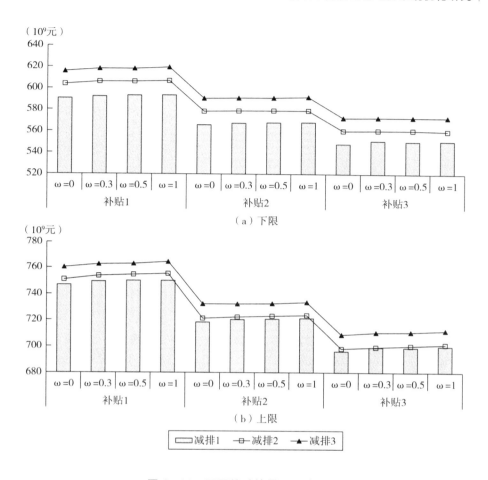

图 4 - 11　不同补贴情景下系统成本

亦然。因此，决策者应该根据实际情况和自身对待风险的态度在较低的系统成本（对应着乐观和可变的方案）及较高的系统成本（对应着保守和稳定的方案）之间做出抉择。另外，由图可知，系统成本会随着污染减排水平的提高而增长。例如，在情景 2 下，当 $\omega = 1$ 时，各个减排水平下系统总成本分别为 $[568.39，721.54] \times 10^9$ 元、$[579.36，723.88] \times 10^9$ 元和 $[592.12，733.97] \times 10^9$ 元。为了满足日益严格的环境要求，更多的投资将会用于污染物治理。另外，随着补贴水平的提高，系统总成本将会降低。例如，当 $\omega = 1$ 时，三种补贴情景下的系统总成本分别为 $[593.61,$ $750.14] \times 10^9$ 元、$[568.39, 721.54] \times 10^9$ 元和 $[550.96, 700.01] \times 10^9$ 元。结果表明，新能源政策将会导致低的系统成本；补贴政策可以有效地促进新能源消纳。

五、本章小结

本章提出了基于区间两阶段随机鲁棒优化方法的唐山市电力系统管理模型。该模型能够有效地处理以区间和随机分布表达的不确定性信息。在模型构建过程中，考虑到预先制定的电力系统管理政策的可变性，经济追索将会得到体现。相比以前应用于电力系统规划和管理的不确定性优化方法，模型引入了补贴政策研究，分析了经济激励对新能源消纳的影响。研究设置了三种对应着不同补贴水平及三种对应着不同减排水平的情景，分析了电力生产、扩容、污染物排放方案和系统成本等。结果表明：①尽管燃煤发电相比其他发电方式排污大，但它仍将在唐山电力供应中占据很大的比例；②通过实施污染排放控制和电力结构调整政策，污染物排放量将会逐渐减少；③较高的鲁棒等级和严格的环境约束会导致较高的系统成本以及较低的系统风险。另外，补贴政策将会在电力系统发展和污染物减排方面发挥重要的作用。具体来说，补贴政策会降低传统能源成本优势，提高企业发展新能源的积极性。新能源电力生产量将会随着补贴水平的提高而增加；同时，当补贴价格提升到一定水平，优化发电量将不会明显地改变。研究结果可以允许决策者在考虑利益平衡的情形下制定合理的发展策略。

第五章

基于区间模糊混合整数规划的
唐山市能源系统管理研究

一、研究背景

　　能源对于人类的生存来说是必不可少的，经济的发展和社会的进步也离不开能源。当前，能源短缺、能源供需矛盾和环境污染的日趋严重使能源发展面临着巨大的挑战。加之能源结构不合理、能源利用效率和可再生能源利用率低以及能源管理工作不善等问题，导致能源的可持续开发利用受到阻碍。此外，能源系统中存在着诸多复杂性和多重不确定性（Albrecht，2007；Daniel 等，2009；Lee，2014；Li 和 Barton，2015）。这些复杂性呈现动态性、互动性和不确定性等特征，给能源系统管理带来了极大的困难。因此，亟须开发一个有效的分析模型来支持不确定条件下的能源系统管理，兼顾可再生能源的发展规划，实现能源发展和环境质量之间的动态平衡。

　　研究学者在能源系统规划方面开展了大量研究。例如，Khella（1997）开发了一个能源模型，分析了能源开发利用政策和环境成本之间的关系。该模型通过最小化经济成本和环境损失，能够提供可供选择的能源策略。

Ramanathan（2005）研究了碳排放和 17 个城市能源消耗之间的关系。We-ber 和 Shah（2011）提出了英国城市能源系统模型，在满足二氧化碳减排需求的前提下获得了可靠的能源配置方案。然而，这些研究不能充分反映能源活动之间及其与社会经济、环境、技术及政策影响之间的复杂互动关系，也鲜有涉及电力系统管理过程中存在的多种形式的参数不确定性问题（Xie，2010）。

随着对能源系统研究的不断深入，许多不确定性优化方法被应用于不确定性条件下能源系统规划研究中。例如，Kanudia 和 Loulou（1998）通过考虑气候变化和经济增长因素开发了多阶段随机规划模型用于制定灵活的能源方案。为了解决呈已知概率分布的不确定性信息，Peck 和 Teisberg（2003）提出了随机规划模型并应用于全球能源系统规划中。在这些方法中，区间规划（IPP）可以处理存在于模型目标函数和系统约束中以未知分布和隶属函数表示的区间不确定性信息。另外，整数规划（IP）能够有效解决诸如位置选择、技术选择和扩容等动态问题。通过整合 IPP 和 IP 方法，可以得到区间混合整数规划方法（IMIP）。IMIP 已经成功应用到城市固废管理、水资源分析、大气管理等研究当中（Erkut 等，2008；Zhang 和 Hua，2007）。例如，Zhu 等（2011）构建了区间全无限混合整数规划模型用于北京市能源系统规划。然而，当模型右边系数具有高度不确定性时，IMIP 会变得不可行，这限制了它在实际规划中的应用。此外，IMIP 在处理嵌入单独参数的多重不确定性时存在一定的困难（如区间值的上限和下限都是未知值）。

模糊规划（FP）能够有效处理系统目标和约束中以模糊信息表示的不确定性信息。模糊规划允许模型右边的不确定性信息（如资源可利用量）以模糊集合的形式呈现。一些学者开展了相关研究，将模糊规划用于能源系统管理中。例如，Sadeghi 和 Hosseini（2006）提出了模糊线性规划模型用于伊朗能源系统管理。Muela 等（2007）开发了基于模糊可能性的电力生产规划模型，该模型充分考虑了环境标准要求。Li 等（2010）提出了模糊随机规划模型，并将其用于不确定性条件下能源和环境系统规划。然而，模糊规划不适于处理模型约束左边存在的不确定性信息。同时，IPP是一种有效的工具，可以捕捉模型左边的不确定性；但是当模型右边具有高度不确定性时，IPP将不再适用。因此，为了更好地解决能源系统中的不确定性，应将 IMIP 和 FP 整合在一个模型框架中。一般来说，模型中的不确定输入参数表征成离散区间形式；然而，当区间参数的上限和下限都是未知数时，这有可能导致双重不确定性。例如，以离散区间数表示的可再生能源可利用量的上、下限可能不是确定的值，使得可再生资源可利用量出现双重不确定性问题。之前的研究很少涉及能源系统管理中的双重不确定性问题。

因此，基于上述分析，本章研究目的在于开发区间模糊混合整数规划模型，应用于不确定条件下耦合可再生能源规划的区域能源系统管理。该模型将结合 FP 和 IMIP，不但能够解决以离散区间和模糊隶属度函数表示的不确定性，而且可以运用区间隶属度函数反映模型中存在的双重不确定性信息。该模型将会应用于唐山市能源系统管理，通过深入分析系统成本和环境目标之间的平衡关系，帮助决策者获取更多合理的、适用的解决方案。具体来说，该模型可以：①辨识整个能源系统中的复杂关系（如能源开发、转换、运输、消耗等）；②捕捉以区间和模糊隶属度函数表示的不确定性；③获得能源供应、电力、热力、加工以及扩容等分配方案；④解决唐山能源发展中面临的一些问题。

二、研究方法

（一）区间参数规划

区间参数规划（IPP）能够有效处理以未知分布信息表示的区间不确

定性信息，基本表达如下所示：

$$\text{Min} f^{\pm} = C^{\pm} X^{\pm} \tag{5-1}$$

约束条件：

$$A^{\pm} X^{\pm} \leqslant B^{\pm} \tag{5-2}$$

$$X^{\pm} \geqslant 0 \tag{5-3}$$

其中，$A^{\pm} \in \{R^{\pm}\}^{m \times n}$，$B^{\pm} \in \{R^{\pm}\}^{m \times 1}$，$C^{\pm} \in \{R^{\pm}\}^{1 \times n}$，$X^{\pm} \in \{R^{\pm}\}^{n \times 1}$ 和 $R^{\pm}$ 表示一系列区间数，m 和 n 为实数（$m \geqslant 1$ 和 $n \geqslant 1$）；$X^{\pm}$ 为决策变量；上标"$-$"和"$+$"分别表示参数/变量的下界和上界。

（二）区间模糊规划

尽管 IPP 能够有效处理以区间参数形式表现的不确定性信息，但是不适于处理实际系统管理中的功能区间问题。区间模糊规划（IFP）可以解决上述问题，具体表示如下（Huang 等，1993）：

$$\text{Min} f^{\pm} = C^{\pm} X^{\pm} \tag{5-4}$$

约束条件：

$$A^{\pm} X^{\pm} \leqslant B^{\pm} \tag{5-5}$$

$$X^{\pm} \geqslant 0 \tag{5-6}$$

其中，$A^{\pm} \in \{R^{\pm}\}^{m \times n}$，$B^{\pm} \in \{R^{\pm}\}^{m \times 1}$，$C^{\pm} \in \{R^{\pm}\}^{1 \times n}$，$X^{\pm} \in \{R^{\pm}\}^{n \times 1}$ 和 $R^{\pm}$ 表示一系列区间数，符号 $\widetilde{=}$ 和 $\widetilde{\leqslant}$ 分别表示模糊等式和模糊不等式。

根据以前的研究（Chang 等，1997；Huang 等，2001），决策者可以构建一个目标函数的预期水平 $f'^{\pm}$。因此，模型（5-4）~模型（5-6）可以转化成以下形式：

$$C^{\pm} X^{\pm} \widetilde{\leqslant} f'^{\pm} \tag{5-7}$$

$$A^{\pm} X^{\pm} \widetilde{\leqslant} B^{\pm} \tag{5-8}$$

$$X^{\pm} \geqslant 0 \tag{5-9}$$

模型（5-7）~模型（5-9）可以改写为：

$$E^{\pm} X^{\pm} \widetilde{\leqslant} B'^{\pm} \tag{5-10}$$

$$X^{\pm} \geqslant 0 \tag{5-11}$$

其中，$E^{\pm} = \begin{bmatrix} C^{\pm} \\ A^{\pm} \end{bmatrix}$ and $B'^{\pm} = \begin{bmatrix} f'^{\pm} \\ B^{\pm} \end{bmatrix}$

因为模糊规划的目标是满足模糊目标和约束条件，模糊环境下的决策能够分别表示成对应着模糊约束和目标的隶属度函数交集。假定决策方案（$X^{\pm}$）下的一个模糊目标（O）和一个模糊约束（C），这样 O 和 C 之间的交集就可以用一个模糊决策集合（D）来描述。在符号表达式中，$D = O \cap C$。另外，对于两个模糊集 A 和 B（Muela 等，2007）：

$$\mu_{A \cup B} = \mathrm{Max} \{ \mu_A, \mu_B \} \tag{5 - 12}$$

$$\mu_{A \cap B} = \mathrm{Min} \{ \mu_A, \mu_B \} \tag{5 - 13}$$

其中，μ_A 和 μ_B 分别表示模糊集 A 和 B 的隶属度函数。因此：

$$\mu_D = \mu_{O \cap C} = \mathrm{Min} \{ \mu_O, \mu_C \} \tag{5 - 14}$$

其中，μ_D、μ_O 和 μ_C 分别表示模糊决策 D、模糊目标 O 和模糊约束 C 的隶属度函数。

设定 $X^{\pm} = X_1^{\pm}$，$X_2^{\pm}$，$\cdots$，$X_k^{\pm}$ 为一组决策变量，$\mu_{C_i}(X^{\pm})$ 和 $\mu_{O_j}(X^{\pm})$ 分别为这些约束 C_i（$i = 1, 2, \cdots, m$）和目标 O_j（$j = 1, 2, \cdots, n$）的隶属度函数。那么一个决策可以用隶属度函数的形式表达：

$$\mu_D(X^{\pm}) = \mathrm{Min}[\mu_{C_i}(X^{\pm}), \mu_{O_j}(X^{\pm})], \quad i = 1, 2, \cdots, m \text{ and } j = 1, 2, \cdots, n \tag{5 - 15}$$

因此，对于模型（5 - 15），每一个 $E^{\pm}$ 和 $B'^{\pm}$ 中的 $m + 1$ 行向量能够以模糊集合（其隶属度函数为 $\mu_i(X^{\pm})$）的形式进行表征。模糊决策的隶属度函数表示为：

$$\mu_D(X^{\pm}) = \mathrm{Min} \{ \mu_i(X^{\pm}) \mid i = 1, 2, \cdots, m + 1 \} \tag{5 - 16}$$

其中，$\mu_i(X^{\pm})$ 表示满足模糊不等式 $E_i^{\pm} X^{\pm} \lesseqgtr b_i'^{\pm}$ 的程度（$E_i^{\pm}$ 和 $b_i'^{\pm}$ 分别表示 $E^{\pm}$ 的第 i 行、$B'^{\pm}$ 的第 i 个元素）。

预期的决策将会是这些 $\mu_D(X^{\pm})$ 最大值中的一个：

$$\mu_D(X^{*\pm}) = \mathrm{Max}\mu_D(X^{\pm}) = \mathrm{Max \ Min}[\mu_i(X^{\pm})], \quad X^{\pm} \geqslant 0 \tag{5 - 17}$$

其中，$X^{*\pm}$ 表示满足上述关系的最优解。当违反目标和约束时，$\mu_i(X^{\pm})$

为 0；当满足目标和约束时，$\mu_i(X^\pm)$ 为 1。$\mu_i(X^\pm)$ 的值可以通过以下公式计算（假设隶属度 $\mu_i(X^\pm)$ 在容许区间 $(b_i'^-,\ b_i'^+)$ 上线性增长）：

$$\mu_i(X^\pm) = \begin{cases} 1 & if\ E_i^\pm X^\pm \leqslant b_i'^- \\ 1 - (E_i^\pm X^\pm - b_i'^-)/(b_i'^+ - b_i'^-) & if\ b_i'^- \leqslant E_i^\pm X^\pm \leqslant b_i'^+ \\ 0 & if\ E_i^\pm X^\pm > b_i'^+,\ i = 1,\ 2,\ \cdots,\ m+1 \end{cases}$$

$$(5-18)$$

其中，$(b_i'^+ - b_i'^-)$ 表示模型目标和约束的可容许违反范围。因此，模型（5-17）可以转化为：

$$\text{Max}\ \mu_D(X^\pm) = \text{MaxMin}\left[1 - (E_i^\pm X^\pm - b_i'^-)/(b_i'^+ - b_i'^-)\right],\ X^\pm \geqslant 0$$

$$(5-19)$$

因此，通过引入一个新的对应着模糊决策隶属度函数的变量 $\lambda = \mu_D(X^\pm) = \text{Min}\{\mu_i(X^\pm) | i = 1,\ 2,\ \cdots,\ m+1\}$，IFP 可以转化为一个普通的线性规划模型（Zimmermann，2011）。模型（5-10）~模型（5-11）可以表示为：

$$\text{Max}\lambda^\pm \tag{5-20}$$

约束条件：

$$E_i^\pm X^\pm \leqslant b_i'^- + (1 - \lambda^\pm)(b_i'^+ - b_i'^-),\ i = 1,\ 2,\ \cdots,\ m+1 \tag{5-21}$$

$$X^\pm \geqslant 0 \tag{5-22}$$

$$0 \leqslant \lambda^\pm \leqslant 1 \tag{5-23}$$

其中，

$$(E_i^\pm) = \{e_{ij}^\pm | j = 1,\ 2,\ \cdots,\ n\},\ \forall i$$

$$e_{ij}^\pm = c_j^\pm, \qquad\qquad if\ i = 1,\ \forall i$$

$$e_{ij}^\pm = a_{i-1,j}^\pm, \qquad\qquad if\ i = 2,\ 3,\ \cdots,\ m+1,\ \forall i$$

$$b_i'^- = f^- \ and\ b_i'^+ = f^+ \quad if\ i = 1$$

$$b_i'^- = b_{i-1}^- \ and\ b_i'^+ = b_{i-1}^+ \quad if\ i = 2,\ 3,\ \cdots,\ m+1$$

其中，f^- 和 f^+ 分别为系统目标希望水平的下限和上限。假设目标希望水平没有特殊要求时，通过求解 IPP 模型（1），可获得 f^- 和 f^+ 的值。b_i^- 和 b_i^+

为矢量 $B^{\pm}$ 的元素。从而，模型（5-20）~模型（5-23）可以转化为：

$$\text{Max}\lambda^{\pm} \tag{5-24}$$

约束条件：

$$C^{\pm}X^{\pm} \leqslant f^{-} + (1-\lambda^{\pm})(f^{+}-f^{-}) \tag{5-25}$$

$$A^{\pm}X^{\pm} \leqslant B^{-} + (1-\lambda^{\pm})(B^{+}-B^{-}) \tag{5-26}$$

$$X^{\pm} \geqslant 0 \tag{5-27}$$

$$0 \leqslant \lambda^{\pm} \leqslant 1 \tag{5-28}$$

其中，$X^{\pm}$ 代表一组决策变量。$\lambda^{\pm}$ 代表与模糊决策满意度相关的控制变量。

在实际的问题中，参数的可获得信息往往具有局限性，通常以离散区间数或者模糊数值的形式出现。在模型（5-26）中，参数 $B^{\pm}$ 以离散区间数表示；同时，这些区间的上限和下限也可能是未知的，致使出现双重不确定性。一个新的概念即区间隶属度函数（IMF）被提出来用于反映这些复杂性问题（Maqsood 等，2005），如图 5-1 所示（设定 $\tilde{B}$ 为一组三角模糊数）。因此，可得到：

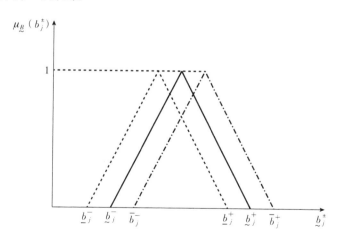

图 5-1　区间隶属度函数

$$\underset{\sim}{B}(b_i^{\pm}) = \left\{((b_i^{\pm})_j, \mu_{\underset{\sim}{B}}((b_i^{\pm})_j)) \mid j \in I, b_i^{\pm} \in D^{\pm}, \forall i\right\} \tag{5-29}$$

其中，$\underset{\sim}{B}(b_i^{\pm})$ 为 $D^{\pm}$ 中的区间模糊集合，$\mu_{\underset{\sim}{B}}((b_i^{\pm})_j)$ 为 $\underset{\sim}{B}(b_i^{\pm})$ 中元素

$(b_i^\pm)_j$ 的区间隶属度函数的隶属度 $(b_i^\pm \in D^\pm)$，$(b_i^\pm)_j$ 表示 i 水平下变量 j 的区间数。设定：

$$\underset{j \in I}{\mathrm{Max}}\ (b_i^\pm)_j = \overline{b}_i^\pm\ \text{和}\ \underset{j \in I}{\mathrm{Min}}\ (b_i^\pm)_j = \underline{b}_i^\pm,\quad \forall i, \tag{5-30}$$

其中，$\overline{b}_i^\pm$ 和 $\underline{b}_i^\pm$ 分别表示 i 水平下模糊变量 $(b_i^\pm)$ 的上限和下限。显然，模糊变量 $(b_i^\pm)$ 的上限和下限必须以区间数表示。

根据 Zimmermann（2011），模型（5-24）~模型（5-28）能够转化为以下形式：

$$\mathrm{Max}\lambda^\pm \tag{5-31}$$

约束条件：

$$C_j^\pm X_j^\pm \leqslant f^- + (1 - \lambda^\pm)(f^+ - f^-) \tag{5-32}$$

$$A_{ij}^\pm X_j^\pm \leqslant \underline{B}_i^\pm + (1 - \lambda^\pm)(\overline{B}_i^\pm - \underline{B}_i^\pm),\quad \forall j \tag{5-33}$$

$$X_j^\pm \geqslant 0,\quad \forall j \tag{5-34}$$

$$0 \leqslant \lambda^\pm \leqslant 1 \tag{5-35}$$

其中，$\lambda^\pm$ 为决策变量，其值隶属于 $0 \sim 1$。$\lambda^\pm$ 的值越接近 1，表明在有利系统条件下，模型的解能够满足约束和目标的可能性越高；反之亦然。在模型（5-33）中，$\overline{B}_i^\pm - \underline{B}_i^\pm = [\overline{B}_i^-, \overline{B}_i^+] - [\underline{B}_i^-, \underline{B}_i^+] = [\overline{B}_i^- - \underline{B}_i^+, \overline{B}_i^+ - \underline{B}_i^-]$，其中 $\underline{B}_i^-$ 表示区间数下限的下边界，$\underline{B}_i^+$ 表示区间数下限的上边界，$\overline{B}_i^-$ 表示区间数上限的下边界，$\overline{B}_i^+$ 表示区间数上限的上边界。模型求解过程如下所示：

模型（5-31）~模型（5-35）可以拆分为两个子模型，对应着上限 λ^+ 的子模型可以首先求解（当模型目标为最小化系统成本时）；然后，在第一步求解的基础上，对应着下限 λ^- 的子模型进而可以求解。因此，第一个子模型具体如下所示：

$$\mathrm{Max}\lambda^+ \tag{5-36}$$

约束条件：

$$\sum_{j=1}^{k_1} c_j^- x_j^- + \sum_{j=k_1+1}^{n} c_j^- x_j^+ \leqslant f^+ - \lambda^+(f^+ - f^-) \tag{5-37}$$

$$\sum_{j=1}^{k_1} |a_{ij}|^+ \operatorname{Sign}(a_{ij}^+) x_j^- + \sum_{j=k_1+1}^{n} |a_{ij}|^- \operatorname{Sign}(a_{ij}^-) x_j^+ \leqslant \overline{b_i^-} - \lambda^+ (\overline{b_i^+} - \underline{b_j^-}), \forall j$$

$$(5-38)$$

$$x_j^- \geqslant 0, \ j=1, \ 2, \ \cdots, \ k_1 \tag{5-39}$$

$$x_i^+ \geqslant 0, \ i=k_1+1, \ k_1+2, \ \cdots, \ n \tag{5-40}$$

$$0 \leqslant \lambda^+ \leqslant 1 \tag{5-41}$$

其中，$x_j^{\pm}$（$j=1, \ 2, \ \cdots, \ k_1$）为目标函数中系数表现为正数的决策变量，$x_j^{\pm}$（$j=k_1+1, \ k_1+2, \ \cdots, \ n$）为目标函数中系数表现为负数的决策变量。通过子模型（5-36）～模型（5-41）可以得到 x_{jopt}^-（$j=1, \ 2, \ \cdots, \ k_1$），$x_{jopt}^+$（$j=k_1+1, \ k_1+2, \ \cdots, \ n$）和 λ_{opt}^+ 的最优解。在上述解的基础上，建立第二个子模型，具体如下所示：

$$\operatorname{Max} \lambda^- \tag{5-42}$$

约束条件：

$$\sum_{j=1}^{k_1} c_j^+ x_j^+ + \sum_{j=k_1+1}^{n} c_j^+ x_j^- \leqslant f^+ - \lambda^- (f^+ - f^-) \tag{5-43}$$

$$\sum_{j=1}^{k_1} |a_{ij}|^- \operatorname{Sign}(a_{ij}^-) x_j^- + \sum_{j=k_1+1}^{n} |a_{ij}|^+ \operatorname{Sign}(a_{ij}^+) x_j^+ \leqslant \overline{b_i^+} - \lambda^- (\overline{b_i^-} - \underline{b_j^+}), \forall j$$

$$(5-44)$$

$$x_j^+ \geqslant x_{jopt}^-, \ j=1, \ 2, \ \cdots, \ k_1 \tag{5-45}$$

$$0 \leqslant x_j^- \leqslant x_{jopt}^+, \ j=k_1+1, \ k_1+2, \ \cdots, \ n \tag{5-46}$$

$$0 \leqslant \lambda^- \leqslant 1 \tag{5-47}$$

通过子模型（5-42）～模型（5-47）可以获得 x_{jopt}^+（$j=1, \ 2, \ \cdots, \ k_1$），$x_{jopt}^-$（$j=k_1+1, \ k_1+2, \ \cdots, \ n$）和 λ_{opt}^- 的最优解。因此，结合子模型（5-36）～模型（5-41）和子模型（5-42）～模型（5-47）的解，可以得到 IFMP 模型的解：

$$x_{jopt}^{\pm} = [x_{jopt}^-, \ x_{jopt}^+], \ \forall j \tag{5-48}$$

$$\lambda_{opt}^{\pm} = [\lambda_{opt}^-, \ \lambda_{opt}^+] \tag{5-49}$$

$$f_{opt}^{\pm} = [f_{opt}^-, \ f_{opt}^+] \tag{5-50}$$

三、案例研究

（一）唐山市能源系统特点

1. 能源消费现状

唐山市是我国重要的能源和原材料基地，已形成钢铁、建材、煤炭、电力、化工、焦化等支柱产业。多年来，依托自身丰富的资源禀赋，唐山市形成了高耗煤的产业格局，煤炭成为经济发展的主要推动力。随着城市的快速发展和居民消费水平的提高，唐山市能源消费在不断增加。图 5 - 2 为唐山市 2005 ~ 2014 年全社会能源消耗情况。2014 年，唐山能源消耗量高达 9893.95 万吨标准煤，相比于 2005 年的 5981.98 万吨标准煤增长了近 64.4%。表 5 - 1 为唐山市 2009 ~ 2014 年三次产业煤炭消耗情况。尽管第二产业为唐山的社会发展做出了很大贡献，但是也带来了大量的能源消耗，尤其是化石能源。

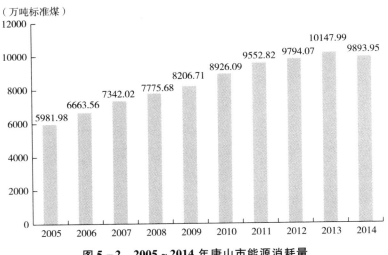

图 5 - 2　2005 ~ 2014 年唐山市能源消耗量

表 5 - 1　2009～2014 年唐山市三次产业煤炭消耗量

单位：万吨标准煤

年份	第一产业	第二产业	第三产业
2009	25.51	7300.01	152.72
2010	26.75	7608.44	165.55
2011	26.68	8862.20	164.77
2012	27.40	9533.38	141.76
2013	27.00	9668.05	136.26
2014	28.80	7953.21	107.37

2. 能源转换情况

唐山市能源转换工业主要包括发电、供热、炼焦和炼油。在电力生产方面，火力发电占据主导地位。截至 2014 年底，唐山总装机容量为 776.54 万千瓦，其中火力发电装机容量占总装机容量的 93.05%，可再生能源装机容量仅占 6.95%。根据唐山市"十三五"发展规划，"十三五"时期，唐山市继续淘汰小火电机组，重点建设热电联产机组，妥善推进超临界、超超临界大型火力发电机组建设，到"十三五"时期末，超超临界及超临界机组装机容量占火电机组装机容量的 50% 以上。为充分利用和发挥可再生能源资源的比较优势，缓解能源供应与需求之间的矛盾，全市将重点推进新能源发电项目，力争实现新能源产业的跨越式发展。2020 年，风电总装机容量达到 100 万千瓦，光伏发电达到 50 万千瓦。

唐山市属暖温带半湿润季风气候，年平均气温 12.5℃，冬季平均气温 -6℃～5℃，平均采暖期为 120 天左右。图 5 - 3 为 2005～2014 年唐山市集中供热情况。从中可以看出，唐山市集中供热面积和热化率都在不断提高，集中供热面积由 2005 年的 2975 万平方米增长到 2014 年的 6088 万平方米，增长了 1.05 倍；集中热化率由 2005 年的 55.6% 增长到 2014 年的 84.0%，提高了 28.4%。根据唐山"十三五"发展规划，"十三五"时期，唐山建成唐山北郊、唐山南郊、曹妃甸区、遵化、滦县 5 座热电联产供热热源，集中供热面积和集中热化率会进一步提升。另外，唐山市南部沿海、主城区和北部山区等地区地热资源较为丰富，地下热水可利用资源量大、地质构造条件良好、大地热流值高，地热资源开发利用潜力较大。唐山市应加强地热资源合理的勘察，对地热资源进行逐级综合开发与利用，不断提高地热利用效率。

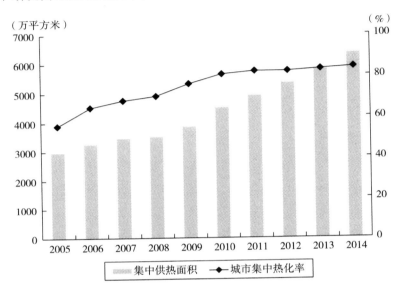

图 5 - 3　2005 ~ 2014 年唐山市集中供热情况

依托唐山地区丰富的煤炭资源，唐山焦化行业得到快速发展。图 5 - 4 为 2005 ~ 2014 年唐山市焦炭产量。从图中可以看出，在 2012 年之前，唐山焦炭产量呈现快速增长的趋势，到 2012 年，焦炭产量已达到 2933.80 万吨，比 2005 年增长了 2.14 倍。近几年来，唐山市通过调整能源结构，积极推进产能过剩行业企业优胜劣汰，淘汰焦炭落后产能，从 2013 年开始，焦炭产量开始逐渐下降。根据"十三五"发展规划，到 2020 年底前，全市将压减焦化产能 455 万吨。从"十二五"时期，唐山市开始实施曹妃甸 1000 万吨炼油项目，到"十三五"时期开展河北浅海集团 1500 万吨炼油项目建设。因此，未来的一段时间，唐山市炼油能力将会快速增长，本地成品油供应能力也会相应得到提高。

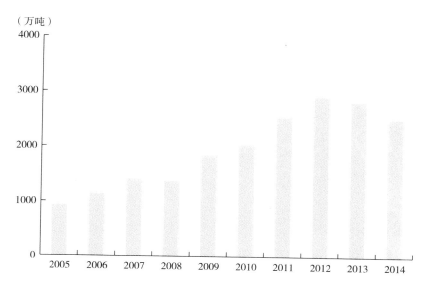

（万吨）

图 5 - 4 2005～2014 年唐山市焦炭产量

3. 环境污染控制

唐山是一个资源密集型城市，大量化石能源（如煤炭、天然气和原油）的消耗使得唐山经济增长方式呈现出高污染、高排放的特征。图 5 - 5 给出了 2005～2014 年唐山市大气污染物排放情况。从中可以看出，唐山市二氧化硫和氮氧化物排放量较大，环境形势非常严峻。例如，2014 年唐山市二氧化硫和氮氧化物的排放量已分别达到 27.22 万吨和 31.86 万吨。面对日益严峻的大气污染问题，唐山市已经采取了一系列重要的措施来提高环境质量，如实施能源政策、规划能源活动、采用先进的技术和提高能源效率等。为降低大气污染物排放，清洁能源和可再生能源已经被逐步利用。同时，唐山市实施了排污收费政策以发挥其在能源与环境管理中的经济效用。按照《唐山 2013 - 2017 年大气污染防治攻坚行动实施方案》，2017 年底前，全市煤炭消费量比 2012 年净削减 2560 万吨；PM10 浓度在 2012 年的基础上下降 10% 以上；二氧化硫、氮氧化物排放总量比 2012 年削减 4.77 万吨、9.01 万吨。

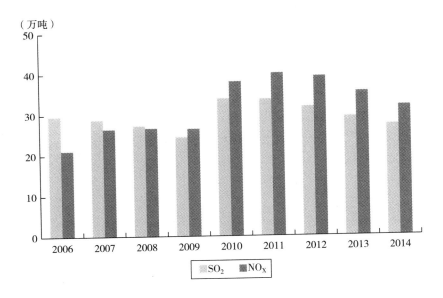

图 5 - 5　2005～2014 年唐山市大气污染物排放情况

4. 问题陈述

根据上述讨论，在进行区域能源规划与管理时，决策者应慎重考虑系统中存在的大量复杂性和不确定性问题。另外，许多系统参数（如能源价格、排放率、生产效率和资源可利用量）也会出现不确定性，从而影响优化过程和决策方案。当能源供应不能充分满足终端用户需求时，决策者将会面临抉择：加大能源生产，投入更多的资金用于生产能力扩容或者以高额的价格买入能源。因此，唐山市能源系统优化管理过程中需要考虑的主要问题有：①如何处理存在于模型目标函数和约束中以区间参数和模糊隶属度表征的不确定性问题；②如何制定有效的能源供应、电力、热力、加工以及设施能力扩容等方案；③如何在考虑大气污染削减计划和可再生能源发展的情况下为决策者提供可供选择的能源供应与消费方案。

（二）模型构建

图 5 - 6 给出了唐山市能源系统框架，其中能源系统由多个相互关联

的子系统组成，包括能源供应与分配、电力和热力生产、能源加工以及污染排放控制等。所有能源（如煤炭、煤矸石、天然气、原油、柴油、原料油、汽油等）在被工业、农业、商业和居民等终端用户使用前须转换成一定形式的能源载体。另外，系统也会产生大量的环境污染物如二氧化硫，氮氧化物和 PM 等。

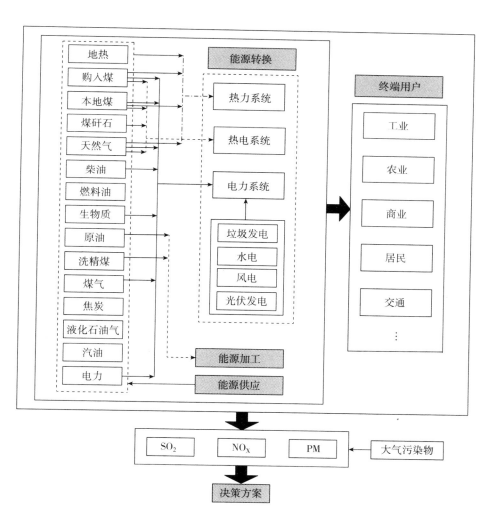

图 5 - 6　唐山市能源系统框架

本章开发了区间模糊混合整数规划模型，用于支持唐山市能源系统管理。针对能源系统中的多重不确定性和复杂性问题，区间—整数规划不仅能够解决以离散区间形式呈现的不确定性问题，而且能够用于解决诸如设施扩容的动态分析问题。尤其，当前可再生能源的开发和利用成为能源发展的重要方向。然而，在进行可再生能源生产规划时也存在一定的困难，可再生能源可利用量将会随着自然特性的变化而变化，从而区间数（资源可利用量）的上限和下限呈现出高度不确定性，结果导致双重不确定性。为解决上述问题，将会采用区间隶属度函数用于评估水能、风能和太阳能的可利用量。本章目标是最大化系统目标和约束满意度，以 2015～2029 年为规划期，每 5 年为一个周期。具体模型如下所示：

$$\text{Max}\lambda^{\pm} \tag{5-51}$$

约束条件：

（1）系统成本约束：

$$\sum_{i=1}^{14}\sum_{t=1}^{3} EC_{it}^{\pm}ET_{it}^{\pm} + \sum_{k=1}^{7}\sum_{h=1}^{3}\sum_{t=1}^{3}\left(ECG_{kt}^{\pm}EG_{kt}^{\pm} + YEK_{kht}^{\pm}EA_{kt}^{\pm}EK_{kht}^{\pm}\right) +$$

$$\sum_{p=1}^{3}\sum_{h=1}^{3}\sum_{t=1}^{3}\left(ECH_{pt}^{\pm}EH_{pt}^{\pm} + YEH_{pht}^{\pm}ECHH_{pt}^{\pm}EHH_{pht}^{\pm}\right) +$$

$$\sum_{n=1}^{3}\sum_{h=1}^{3}\sum_{t=1}^{3}\left(ECCP_{nt}^{\pm}(RC_n + YEC_{nht}^{\pm}ERC_{nht}^{\pm})H_{nt}^{\pm} + YEC_{nht}^{\pm}EHP_{nt}^{\pm}ERC_{nht}^{\pm}\right) +$$

$$\sum_{m=1}^{3}\sum_{h=1}^{3}\sum_{t=1}^{3}\left(EVO_{mt}^{\pm}RO_{mt}^{\pm} + YO_{mht}^{\pm}EP_{mt}^{\pm}ECO_{mht}^{\pm}\right) +$$

$$\sum_{k=1}^{9}\sum_{t=1}^{3}\sum_{t=1}^{3}\left(EG_{kt}^{\pm}(\eta_{krt}^{\pm}EFP_{krt}^{\pm}C_{krt}^{\pm} + (1-\eta_{krt}^{\pm})EFP_{krt}^{\pm}CV_{krt}^{\pm} - CS_{kt}^{\pm})\right) +$$

$$\sum_{p=1}^{3}\sum_{r=1}^{3}\sum_{t=1}^{3}\left(EH_{pt}^{\pm}(\alpha_{prt}^{\pm}EFH_{prt}^{\pm}CH_{prt}^{\pm} + (1-\alpha_{prt}^{\pm})EFH_{prt}^{\pm}CVH_{prt}^{\pm} - CSH_{pt}^{\pm})\right) +$$

$$\sum_{n=1}^{3}\sum_{h=1}^{3}\sum_{r=1}^{3}\sum_{t=1}^{3}\left(\begin{array}{c}(RC_n + YEC_{nht}^{\pm}ERC_{nht}^{\pm})H_{nt}^{\pm} \\ (\beta_{nrt}^{\pm}EFC_{nrt}^{\pm}CC_{nrt}^{\pm} + (1-\beta_{nrt}^{\pm})EFC_{nrt}^{\pm}CVC_{nrt}^{\pm} - CSC_{nt}^{\pm})\end{array}\right) +$$

$$\sum_{m=1}^{2}\sum_{r=1}^{3}\sum_{t=1}^{3}\left(RO_{mt}^{\pm}(\mu_{mrt}^{\pm}EFR_{mrt}^{\pm}CP_{mrt}^{\pm} + (1-\mu_{mrt}^{\pm})EFR_{mrt}^{\pm}CVR_{mrt}^{\pm} - CSR_{mt}^{\pm})\right) \leqslant$$

$$f_{opt}^{+} - \lambda^{\pm}\left(f_{opt}^{+} - f_{opt}^{-}\right) \tag{5-52}$$

（2）煤炭约束：

$$\sum_{i=1}^{2} ET_{it}^{\pm} - EG_{kt}^{\pm}CE_{kt}^{\pm} - EH_{pt}^{\pm}CEH_{pt}^{\pm} - \sum_{h=1}^{3}\sum_{t=1}^{t}\left(RC_n + YEC_{nht}^{\pm}ERC_{nht}^{\pm}\right)CEC_{nt}^{\pm} \geq$$
$$DET_t^{\pm}, k=1, p=1, n=1, m=1, \forall t \tag{5-53}$$

$$ET_{1t}^{\pm} \leqslant MET_t^{\pm}, \quad \forall t \tag{5-54}$$

（3）煤矸石约束：

$$ET_{3t}^{\pm} - \sum_{h=1}^{3}\sum_{t=1}^{t}\left(RC_2 + YEC_{2ht}^{\pm}ERC_{2ht}^{\pm}\right)CEC_{2t}^{\pm} \geqslant DEG_t^{\pm}, \forall t \tag{5-55}$$

（4）洗精煤约束：

$$ET_{4t}^{\pm} - RO_{1t}^{\pm}COC_t^{\pm} \geqslant DECC_t^{\pm}, \quad \forall t \tag{5-56}$$

（5）焦炭约束：

$$ET_{5t}^{\pm} + RO_{1t}^{\pm} \geqslant DEC_t^{\pm}, \quad \forall t \tag{5-57}$$

（6）煤气约束：

$$ET_{6t}^{\pm} - EG_{2t}^{\pm}CE_{2t}^{\pm} \geqslant DCG_t^{\pm}, \quad \forall t \tag{5-58}$$

（7）天然气约束：

$$ET_{7t}^{\pm} - EH_{2t}^{\pm}CEH_{2t}^{\pm} - \sum_{h=1}^{3}\sum_{t=1}^{t}\left(RC_3 + YEC_{3ht}^{\pm}ERC_{3ht}^{\pm}\right)CEC_{3t}^{\pm} \geqslant DENG_t^{\pm}, \forall t$$
$$\tag{5-59}$$

（8）液化石油气约束：

$$ET_{8t}^{\pm} + PG_t^{\pm}RO_{2t}^{\pm} \geqslant DL_t^{\pm}, \quad \forall t \tag{5-60}$$

（9）柴油约束：

$$ET_{9t}^{\pm} + PD_t^{\pm}RO_{2t}^{\pm} \geqslant DD_t^{\pm}, \quad \forall t \tag{5-61}$$

（10）汽油约束：

$$ET_{10t}^{\pm} + PGA_t^{\pm}RO_{2t}^{\pm} \geqslant DG_t^{\pm}, \quad \forall t \tag{5-62}$$

（11）燃料油约束：

$$ET_{11t}^{\pm} + PF_t^{\pm}RO_{2t}^{\pm} \geqslant DF_t^{\pm}, \quad \forall t \tag{5-63}$$

（12）原油约束：

$$ET_{12t}^{\pm} \geqslant \sum_{h=1}^{3}\sum_{t=1}^{t}\left(RP_2 + YO_{2ht}^{\pm}ECO_{2ht}^{\pm}\right), \forall t \tag{5-64}$$

（13）生物质约束：

$$ET_{13t}^{\pm} \geq EG_{3t}^{\pm} CE_{3t}^{\pm}, \quad \forall t \tag{5-65}$$

（14）电力生产能力约束：

$$\sum_{h=1}^{3} \sum_{t=1}^{t} (SEK_k + YEK_{kht}^{\pm} EK_{kht}^{\pm}) H_{kt}^{\pm} \geq EG_{kt}^{\pm}, \quad \forall k, t \tag{5-66}$$

（15）可再生能源装机下限约束：

$$\sum_{h=1}^{3} \sum_{t=1}^{t} (SEK_k + YEK_{kht}^{\pm} EK_{kht}^{\pm}) \geq AIP_{kt}, k = 3,4,5,6,7, \forall t \tag{5-67}$$

（16）热力生产能力约束：

$$\sum_{h=1}^{3} \sum_{t=1}^{t} (SEH_p + YEH_{pht}^{\pm} EHH_{pht}^{\pm}) H_{pt}^{\pm} \geq EH_{pt}^{\pm}, \forall p, t \tag{5-68}$$

（17）能源加工约束：

$$\sum_{h=1}^{3} \sum_{t=1}^{t} (RP_m + YO_{mht}^{\pm} ECO_{mht}^{\pm}) \geq RO_{mt}^{\pm}, \forall t, m \tag{5-69}$$

（18）电力需求和供应平衡约束：

$$ET_{14t}^{\pm} + \sum_{k=1}^{7} EG_{kt}^{\pm} + \sum_{n=1}^{3} \sum_{h=1}^{3} \sum_{t=1}^{t} (RC_n + YEC_{nht}^{\pm} ERC_{nht}^{\pm}) H_{nt}^{\pm} (1 - DLL_{nt}) \geq DP_t^{\pm},$$

$$\forall t \tag{5-70}$$

（19）热力需求和供应平衡约束：

$$\sum_{p=1}^{3} EH_{pt}^{\pm} + \sum_{n=1}^{3} \sum_{h=1}^{3} \sum_{t=1}^{t} (RC_n + YEC_{nht}^{\pm} ERC_{nht}^{\pm}) \gamma_{nt}^{\pm} H_{nt}^{\pm} \geq DH_t^{\pm}, \forall t \tag{5-71}$$

（20）能源资源可利用量约束：

$$EG_{5t}^{\pm} CE_{5t}^{\pm} \leq M\underline{H}_t^{\pm} + (1 - \lambda^{\pm})(M\overline{H}_t^{\pm} - M\underline{H}_t^{\pm}), \quad \forall t \tag{5-72}$$

$$EG_{6t}^{\pm} CE_{6t}^{\pm} \leq M\underline{W}_t^{\pm} + (1 - \lambda^{\pm})(M\overline{W}_t^{\pm} - M\underline{W}_t^{\pm}), \quad \forall t \tag{5-73}$$

$$EG_{7t}^{\pm} CE_{7t}^{\pm} \leq M\underline{S}_t^{\pm} + (1 - \lambda^{\pm})(M\overline{S}_t^{\pm} - M\underline{S}_t^{\pm}), \quad \forall t \tag{5-74}$$

（21）环境约束：

$$\sum_{k=1}^{7} \sum_{r=1}^{3} EG_{kt}^{\pm} EFP_{krt}^{\pm} (1 - \eta_{krt}^{\pm}) + \sum_{p=1}^{3} \sum_{r=1}^{3} EH_{pt}^{\pm} EFH_{prt}^{\pm} (1 - \alpha_{prt}^{\pm}) +$$

$$\sum_{n=1}^{3} \sum_{r=1}^{3} \sum_{h=1}^{3} \sum_{t=1}^{t} (RC_n + YEC_{nht}^{\pm} EC_{nht}^{\pm}) H_{nt}^{\pm} EFC_{nrt}^{\pm} (1 - \beta_{nrt}^{\pm}) +$$

$$\sum_{m=1}^{2} \sum_{r=1}^{3} RO_{mt}^{\pm} EFR_{mrt}^{\pm} (1 - \mu_{mrt}^{\pm}) \leqslant TPE_{rt}^{\pm}, \forall r, t \qquad (5-75)$$

（22）扩容约束：

$$YEK_{kht}^{\pm} \begin{cases} = 0；不扩容 \\ = 1；扩容 \end{cases}, \quad \forall k, t \qquad (5-76)$$

$$YEH_{pht}^{\pm} \begin{cases} = 0；不扩容 \\ = 1；扩容 \end{cases}, \quad \forall p, t \qquad (5-77)$$

$$YEC_{nht}^{\pm} \begin{cases} = 0；不扩容 \\ = 1；扩容 \end{cases}, \quad \forall n, t \qquad (5-78)$$

$$YO_{mht}^{\pm} \begin{cases} = 0；不扩容 \\ = 1；扩容 \end{cases}, \quad \forall m, t \qquad (5-79)$$

$$\sum_{h=1}^{3} YEK_{kht}^{\pm} \leqslant 1, \forall k, t \qquad (5-80)$$

$$\sum_{h=1}^{3} YEH_{pht}^{\pm} \leqslant 1, \forall p, t \qquad (5-81)$$

$$\sum_{h=1}^{3} YEC_{nht}^{\pm} \leqslant 1, \forall n, t \qquad (5-82)$$

$$\sum_{h=1}^{3} YO_{mht}^{\pm} \leqslant 1, \forall m, t \qquad (5-83)$$

（23）非负约束：

$$ET_{it}^{\pm} \geqslant 0, \quad \forall i, t \qquad (5-84)$$

$$EG_{kt}^{\pm} \geqslant 0, \quad \forall k, t \qquad (5-85)$$

$$EH_{pt}^{\pm} \geqslant 0, \quad \forall p, t \qquad (5-86)$$

$$RO_{mt}^{\pm} \geqslant 0, \quad \forall m, t \qquad (5-87)$$

其中，i 表示能源种类，$i = 1, 2, 3, \cdots, 14$ 分别代表本地煤、购入煤、煤矸石、洗精煤、焦炭、煤气、天然气、液化石油气、柴油、汽油、燃料油、原油、生物质和外购电；

k 表示发电技术，$k = 1, 2, 3, \cdots, 7$ 分别代表燃煤发电、煤气发电、生物质发电、垃圾发电、水电、风电和光伏发电；

p 表示供热技术，$p = 1, 2, 3$ 分别代表燃煤供热、燃气供热和地热；

n 表示热电联产技术，$n=1$，2，3 分别表示燃煤热电联产、煤矸石热电联产和燃气热电联产；

m 表示能源加工技术，$m=1$，2 分别表示炼焦和炼油；

h 表示扩容选择，$h=1-3$；

r 表示污染物种类，$r=1$，2，3 分别代表二氧化硫、氮氧化物和 PM；

t 表示规划期，$t=1$，2，3 分别表示规划期 2014~2019 年、2020~2024 年、2025~2029 年；

$ET_{it}^{\pm}$ 表示规划期 t 内能源资源 i 的供应量（10^3 吨）；

$EG_{kt}^{\pm}$ 表示规划期 t 内电力生产技术 k 的发电量（GWh）；

$EH_{pt}^{\pm}$ 表示规划期 t 内热力生产技术 p 的发热量（PJ）；

$RO_{mt}^{\pm}$ 表示规划期 t 内能源加工技术 m 的生产量（10^3 吨）；

$YEK_{kht}^{\pm}$ 表示规划期 t 内电力生产技术 k 的扩容选择二元变量；

$YEH_{pht}^{\pm}$ 表示规划期 t 内热力生产技术 p 的扩容选择二元变量；

$YEC_{nht}^{\pm}$ 表示规划期 t 内热电联产技术 n 的扩容选择二元变量；

$YO_{mht}^{\pm}$ 表示规划期 t 内能源加工技术 n 的扩容选择二元变量；

$EC_{it}^{\pm}$ 表示规划期 t 内能源 i 价格（10^3 元/10^3 吨）；

$ECG_{kt}^{\pm}$ 表示规划期 t 内电力生产技术 k 的运行成本（10^3 元/GWh）；

$ECH_{pt}^{\pm}$ 表示规划期 t 内热力生产技术 p 的运行成本（10^3 元/PJ）；

$ECCP_{nt}^{\pm}$ 表示规划期 t 内热电联产技术 n 的运行成本（10^3 元/GWh）；

$EVO_{mt}^{\pm}$ 表示规划期 t 内能源技术 m 的运行成本（10^3 元//10^3 吨）；

$EA_{kt}^{\pm}$ 表示规划期 t 内电力生产技术 k 的扩容成本（10^3 元/MW）；

$ECHH_{pt}^{\pm}$ 表示规划期 t 内热力生产技术 p 的扩容成本（10^3 元/MW）；

$EHP_{nt}^{\pm}$ 表示规划期 t 内热电联产技术 n 的扩容成本（10^3 元/MW）；

$EP_{mt}^{\pm}$ 表示规划期 t 内能源加工技术 m 的扩容成本（10^3 元//10^3 吨）；

$EK_{kht}^{\pm}$ 表示规划期 t 内热力生产技术 k 在 h 扩容选择下的扩容量（MW）；

$EHH_{pht}^{\pm}$ 表示规划期 t 内热力生产技术 p 在 h 扩容选择下的扩容量

（MW）；

$ERC_{nht}^{\pm}$表示规划期 t 内热电联产技术 n 在 h 扩容选择下的扩容量（MW）；

$ECO_{mht}^{\pm}$表示规划期 t 内能源加工技术在 h 扩容选择下的扩容量（10^3 吨）；

SEK_k 表示电力转换技术 k 的初始装机容量（MW）；

SEH_p 表示热力转换技术 p 的初始装机容量（MW）；

RC_n 表示热电联产技术 n 的初始装机容量（MW）；

RP_m 表示能源加工技术 m 的初始生产能力（10^3 吨）；

$\eta_{krt}^{\pm}$表示规划期 t 内电力转换技术 k 产生的污染物 r 的平均去除效率（%）；

$\alpha_{prt}^{\pm}$表示规划期 t 内热力转换技术 p 产生的污染物 r 的平均去除效率（%）；

$\beta_{nrt}^{\pm}$表示规划期 t 内热电联产技术 n 产生的污染物 r 的平均去除效率（%）；

$\mu_{mrt}^{\pm}$表示规划期 t 内能源加工技术 m 产生的污染物 r 的平均去除效率（%）；

$EFP_{krt}^{\pm}$表示规划期 t 内电力转换技术 k 产生污染物 r 的单位电量的产污系数（吨/GWh）；

$EFH_{prt}^{\pm}$表示规划期 t 内热力转换技术 p 产生污染物 r 的单位电量的产污系数（吨/PJ）；

$EFC_{nrt}^{\pm}$表示规划期 t 内热电联产技术 n 产生污染物 r 的单位电量的产污系数（吨/GWh）；

$EFR_{mrt}^{\pm}$表示规划期 t 内能源加工技术 m 产生污染物 r 的单位电量的产污系数（吨/10^3 吨）；

$C_{krt}^{\pm}$表示规划期 t 内电力转换技术 k 产生的污染物 r 的去除成本（10^3 元/吨）；

$CH_{prt}^{\pm}$表示规划期 t 内热力转换技术 p 产生的污染物 r 的去除成本（10^3 元/吨）；

$CC_{nrt}^{\pm}$ 表示规划期 t 内热电联产技术 n 产生的污染物 r 的去除成本（10^3 元/吨）；

$CP_{mrt}^{\pm}$ 表示规划期 t 内能源加工技术 m 产生的污染物 r 的去除成本（10^3 元/吨）；

$CV_{krt}^{\pm}$ 表示规划期 t 内电力转换技术 k 产生的污染物 r 的排污成本（10^3 元/吨）；

$CVH_{prt}^{\pm}$ 表示规划期 t 内热力转换技术 p 产生的污染物 r 的排污成本（10^3 元/吨）；

$CVC_{nrt}^{\pm}$ 表示规划期 t 内热电联产技术 n 产生的污染物 r 的排污成本（10^3 元/吨）；

$CVR_{mrt}^{\pm}$ 表示规划期 t 内能源加工技术 m 产生的污染物 r 的排污成本（10^3 元/吨）；

$CS_{kt}^{\pm}$ 表示规划期 t 内电力转换技术 k 产生的污染物 r 的补贴成本（10^3 元/GWh）；

$CSH_{pt}^{\pm}$ 表示规划期 t 内热力转换技术 p 产生的污染物 r 的补贴成本（10^3 元/PJ）；

$CSC_{nt}^{\pm}$ 表示规划期 t 内热电联产技术 n 产生的污染物 r 的补贴成本（10^3 元/GWh）；

$CSR_{mt}^{\pm}$ 表示规划期 t 内能源加工技术 m 产生的污染物 r 的补贴成本（10^3 元/10^3 吨）；

$CE_{kt}^{\pm}$ 表示规划期 t 内电力转换技术 k 的转换系数（10^3 吨/GWh）；

$CEH_{pt}^{\pm}$ 表示规划期 t 内热力转换技术 p 的转换系数（10^3 吨/PJ）；

$CEC_{nt}^{\pm}$ 表示规划期 t 内热电联产技术 n 的转换系数（10^3 吨/MW）；

$COC_{t}^{\pm}$ 表示规划期 t 内炼焦技术的转换系数（10^3 吨/10^3 吨）；

$DET_{t}^{\pm}$ 表示规划期 t 内煤炭需求量（10^3 吨）；

$DEG_{t}^{\pm}$ 表示规划期 t 内煤矸石需求量（10^3 吨）；

$DECC_{t}^{\pm}$ 表示规划期 t 内洗精煤需求量（10^3 吨）；

$DEC_{t}^{\pm}$ 表示规划期 t 内焦炭需求量（10^3 吨）；

$DG_t^{\pm}$ 表示规划期 t 内煤气需求量（10^6 立方米）；

$DEG_t^{\pm}$ 表示规划期 t 内天然气需求量（10^6 立方米）；

$DL_t^{\pm}$ 表示规划期 t 内液化石油气需求量（10^3 吨）；

$DD_t^{\pm}$ 表示规划期 t 内柴油需求量（10^3 吨）；

$DG_t^{\pm}$ 表示规划期 t 内汽油需求量（10^3 吨）；

$DF_t^{\pm}$ 表示规划期 t 内燃料油需求量（10^3 吨）；

$DCO_t^{\pm}$ 表示规划期 t 内原油需求量（10^3 吨）；

$PG_t^{\pm}$ 表示规划期 t 内炼油技术液化石油气的生产系数（10^3 吨/10^3 吨）；

$PD_t^{\pm}$ 表示规划期 t 内炼油技术柴油的生产系数（10^3 吨/10^3 吨）；

$PGA_t^{\pm}$ 表示规划期 t 内炼油技术汽油的生产系数（10^3 吨/10^3 吨）；

$PF_t^{\pm}$ 表示规划期 t 内炼油技术燃料油的生产系数（10^3 吨/10^3 吨）；

$DP_t^{\pm}$ 表示规划期 t 内电力需求量（GWh）；

$DH_t^{\pm}$ 表示规划期 t 内热力需求量（PJ）；

$H_{kt}^{\pm}$ 表示规划期 t 内电力转换技术 k 的平均运行时间（小时）；

$H_{pt}^{\pm}$ 表示规划期 t 内热力转换技术 p 的平均运行时间（小时）；

$H_{nt}^{\pm}$ 表示规划期 t 内热电联产技术 n 的平均运行时间（小时）；

$MET_t^{\pm}$ 表示规划期 t 内本地煤的最大供给量（10^3 吨）；

AIP_{kt} 表示规划期 t 内电力转换技术 k 的可再生能源装机能力下限（MW）；

DLL_{nt} 表示规划期 t 内热电联产技术 n 的厂用电系数；

γ_{nt} 表示规划期 t 内热电联产技术 n 的热电比；

$MH_t^{\pm}$ 表示规划期 t 内水能可利用量（PJ）；

$MW_t^{\pm}$ 表示规划期 t 内风能可利用量（PJ）；

$MS_t^{\pm}$ 表示规划期 t 内太阳能可利用量（PJ）；

$TPE_{rt}^{\pm}$ 表示规划期 t 内能源系统污染物 r 的最大允许排放水平（吨）。

（三）数据收集与情景分析

模型中一些数据主要来自唐山市统计年鉴、唐山市发展规划等相关文件和资料。此外，基于一些经济数据和相关文献的分析，表 5-2 给出了能源资源价格。表 5-3 给出了各规划期内的能源需求。表 5-4 给出了可再生能源（水能、风能和太阳能）的可利用量。表 5-5 给出了各能源转换技术和能源加工技术的扩容选择方案。

表 5-2　能源价格

能源种类	规划期		
	时期 1	时期 2	时期 3
本地煤（10^3 元/10^3 吨）	[628, 708]	[602, 675]	[575, 640]
外购煤（10^3 元/10^3 吨）	[708, 770]	[680, 750]	[645, 695]
煤矸石（10^3 元/10^3 吨）	[180, 210]	[170, 195]	[160, 185]
洗精煤（10^3 元/10^3 吨）	[634, 705]	[615, 680]	[600, 675]
焦炭（10^3 元/10^3 吨）	[1325, 1500]	[1340, 1522]	[1360, 1555]
煤气（10^3 元/10^6 立方米）	[68, 76]	[62, 70]	[58, 64]
天然气（10^3 元/10^6 立方米）	[1015, 1120]	[950, 1040]	[895, 960]
液化石油气（10^3 元/10^3 吨）	[6510, 6845]	[6885, 7100]	[7015, 7300]
柴油（10^3 元/10^3 吨）	[6620, 6945]	[6870, 7200]	[7050, 7395]
汽油（10^3 元/10^3 吨）	[7265, 7835]	[7480, 7990]	[7635, 8125]
燃料油（10^3 元/10^3 吨）	[4820, 4960]	[5000, 5235]	[5120, 5470]
原油（10^3 元/10^3 吨）	[4110, 4350]	[4020, 4240]	[3850, 4055]
生物质（10^3 元/10^3 吨）	[70, 75]	[65, 70]	[60, 65]
外购电（10^3 元/GWh）	[480, 540]	[490, 550]	[500, 560]

表 5 – 3　终端能源需求

能源资源	规划期		
	时期 1	时期 2	时期 3
煤（10^6 吨）	[67.95, 71.81]	[62.46, 65.54]	[58.31, 61.42]
煤矸石（10^6 吨）	[0.58, 0.60]	[0.66, 0.68]	[0.73, 0.76]
洗精煤（10^6 吨）	[7.26, 7.67]	[8.35, 8.76]	[9.10, 9.59]
焦炭（10^6 吨）	[165.59, 174.45]	[188.40, 198.06]	[208.55, 220.15]
煤气（10^9 立方米）	[431.92, 455.50]	[533.34, 560.17]	[539.27, 569.26]
天然气（10^9 立方米）	[3.71, 3.92]	[5.17, 5.43]	[5.70, 6.10]
液化石油气（10^3 吨）	[718.95, 759.70]	[821.72, 864.88]	[893.54, 837.58]
柴油（10^6 吨）	[6.64, 7.02]	[7.64, 8.02]	[8.33, 8.78]
汽油（10^6 吨）	[4.53, 4.78]	[5.13, 5.38]	[5.53, 5.83]
燃料油（10^3 吨）	[338.77, 356.15]	[367.31, 385.41]	[462.23, 486.46]
电力（10^3 GWh）	[482.00, 491.30]	[575.50, 627.00]	[676.30, 800.60]
热力（PJ）	[423.72, 448.16]	[479.33, 512.44]	[581.17, 619.37]

表 5 – 4　可再生能源可利用量（PJ）

可再生能源	规划期					
	时期 1		时期 2		时期 3	
	下限	上限	下限	上限	下限	上限
水电	(80, 4)*	(90, 4)	(85, 4)	(95, 4)	(90, 4)	(100, 4)
风电	(305, 20)	(320, 20)	(320, 20)	(335, 20)	(330, 20)	(350, 20)
光伏发电	(90, 6)	(105, 6)	(120, 6)	(130, 6)	(130, 6)	(145, 6)

注：*表示三角模糊数，表明区域内水电可利用量将为 80PJ，左右变化量为 4PJ。

表 5 – 5　能源转换与加工技术扩容方案

	扩容选择	规划期		
		时期 1	时期 2	时期 3
电力转换技术扩容方案（MW）				
燃煤发电	1	300	500	700
	2	500	700	900
	3	700	800	1000

续表

	扩容选择	规划期		
		时期1	时期2	时期3
煤气发电	1	300	300	300
	2	400	400	400
	3	500	500	500
生物质发电	1	0	12	18
	2	0	18	24
	3	0	24	30
垃圾发电	1	10	20	40
	2	15	30	60
	3	20	40	80
水电	1	150	200	250
	2	200	250	300
	3	250	300	350
风电	1	200	300	400
	2	300	400	500
	3	400	500	600
光伏发电	1	5	5	5
	2	10	10	10
	3	15	15	15
热力转换技术扩容方案（MW）				
燃煤供热	1	50	0	0
	2	100	0	0
	3	150	0	0
燃气供热	1	50	50	50
	2	100	100	100
	3	150	150	150
地热	1	20	20	20
	2	50	50	50
	3	100	100	100

续表

	扩容选择	规划期		
		时期1	时期2	时期3
热电联产技术扩容方案（MW）				
燃煤热电联产	1	50	200	200
	2	100	400	400
	3	150	600	600
煤矸石热电联产	1	50	150	150
	2	100	200	200
	3	150	300	300
燃气热电联产	1	50	100	100
	2	100	150	150
	3	150	200	200
能源加工技术扩容方案（10^3 吨）				
炼焦	1	6000	3350	0
	2	6700	4350	0
	3	8400	5000	0
炼油	1	0	0	7000
	2	0	0	8000
	3	0	0	9000

四、结果分析与讨论

本章设置了三种减排情景：情景 1 为污染物排放总量控制在一定水平；情景 2 为污染物排放总量在情景 1 的基础上削减 10%；情景 3 为污染物排放总量在情景 1 的基础上削减 20%。

（一） 能源供应

表 5 - 6 给出了各个减排情景下优化的能源供应方案。作为一个重要的煤炭生产基地，在唐山市工业发展中，煤炭发挥着重要的作用。此外，煤炭具有较低的购买成本和转换成本。这些因素决定了煤炭在整个规划期能源供应中占据着主导地位。为了满足日益严格的环境要求，唐山市通过关闭小型采煤厂以及实施煤炭总量控制政策，在规划期内本地煤供应呈现下降的趋势。例如，在情景 1 下，三个规划期煤炭供应量分别为 122.35×10^6 吨、115.49×10^6 吨和 105.64×10^6 吨。为了达到节能减排的目标，煤气呈现大幅度增长的趋势，在情景 1 下时期 1 ~ 时期 3，其优化供应量分别为 $[460.19，478.70] \times 10^9$ 立方米、$[568.16，593.24] \times 10^9$ 立方米和 $[581.84，607.96] \times 10^9$ 立方米。相比其他化石能源，天然气供应量将会从时期 1 的 $[2.56，2.72] \times 10^9$ 立方米的增长到时期 3 的 $[16.47，17.04] \times 10^9$ 立方米。原油的供应与炼油生产活动息息相关，其供应量在时期 1 内为 0，在时期 2 和时期 3 内都为 15.00×10^6 吨。液化石油气和燃料油在时期 2 和时期 3 内的供应量都为 0，表明这些时期液化石油气和燃料油完全可以自给。伴随机动车数量的快速增长，汽油消耗也会日益增加。在情景 1 下，三个规划期内汽油的供应量分别为 $[4.53，4.78] \times 10^6$ 吨、2.39×10^6 吨和 2.71×10^6 吨；结果同时意味着在时期 2 和时期 3 内，汽油的供应不仅来自外购，还来自新建的炼油厂。

表 5 - 6　能源优化供应方案

能源资源	情景	时期 1	时期 2	时期 3
本地煤 (10^6 吨)	1	122.35	115.49	105.64
	2	122.29	106.27	98.03
	3	109.47	94.14	[85.56，85.89]
购入煤 (10^6 吨)	1	10.48	1.89	0
	2	0	0	0
	3	0	0	0

续表

能源资源	情景	时期 1	时期 2	时期 3
煤矸石（10^6 吨）	1	5.08	7.96	9.19
	2	5.08	7.96	7.78
	3	5.08	7.96	7.78
洗精煤（10^6 吨）	1	92.49	110.30	109.62
	2	174.21	171.29	162.83
	3	144.93	[128.31，131.25]	[103.78，110.90]
焦炭（10^6 吨）	1	[21.50，29.50]	[30.50，39.55]	[19.70，29.70]
	2	[57.92，66.21]	[82.46，92.13]	[114.48，125.31]
	3	[62.85，71.58]	96.82	135.72
煤气（10^9 立方米）	1	[460.19，478.70]	[568.16，593.24]	[581.84，607.96]
	2	[460.19，478.70]	[568.16，591.59]	[581.84，607.96]
	3	[460.19，478.70]	[568.16，591.80]	[581.84，604.96]
天然气（10^9 立方米）	1	[2.56，2.72]	[8.49，8.89]	[16.47，17.04]
	2	6.28	8.09	8.24
	3	6.33	8.44	9.12
液化石油气（10^3 吨）	1	[718.95，759.71]	0	0
	2	[718.95，759.71]	0	0
	3	[718.95，759.71]	0	0
柴油（10^6 吨）	1	[6.64，7.12]	[1.86，1.87]	2.48
	2	[6.64，7.12]	[1.86，1.87]	2.48
	3	[6.64，7.12]	[1.86，1.87]	2.48
汽油（10^6 吨）	1	[4.53，4.78]	2.39	2.71
	2	[4.53，4.78]	2.39	2.71
	3	[4.53，4.78]	2.39	2.71
燃料油（10^3 吨）	1	[338.77，356.15]	0	0
	2	[338.77，356.15]	0	0
	3	[338.77，356.15]	0	0
原油（10^6 吨）	1	0	15.00	15.00
	2	0	15.00	15.00
	3	0	15.00	15.00

续表

能源资源	情景	时期1	时期2	时期3
生物质（10^6 吨）	1	3.52	5.47	7.38
	2	3.52	5.47	7.38
	3	3.52	5.47	7.38

图 5-7 给出了规划期内不同减排情景下能源加工的优化方案。大体上规划期内焦炭产量呈现下降的趋势。例如，在减排 1 情形下，焦炭产量分别为［124.59，126.54］×10^6 吨、［124.38，125.99］×10^6 吨和［118.25，120.21］×10^6 吨；在减排 3 情形下，焦炭产量分别为［102.74，102.87］×10^6 吨、［91.57，101.23］×10^6 吨和［72.84，84.43］×10^6 吨。另外，随着减排水平的提升，焦炭产量将大幅度减少。例如，在时期 2 内，三种减排水平下焦炭产量分别为［124.38，125.99］×10^6 吨、105.93×10^6 吨和［91.57，101.23］×10^6 吨。这主要是由于炼焦生产活动会排放大量的大气污染物。为了满足越来越为严格的环境要求，不得不进一步压缩炼焦产能。此外，随着唐山市本地原油的

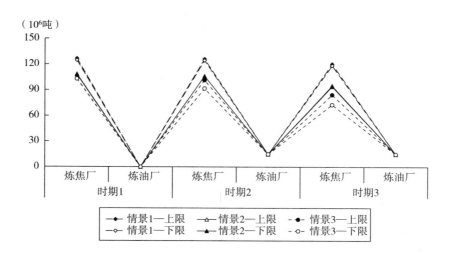

图 5-7 唐山市能源加工优化方案

开采以及大型炼油厂的建立，炼油生产能力得到了大幅度提升。例如，各个减排情景下，在时期 1 内炼油生产能力为 0，而在时期 2 内炼油生产能力将全部达到 15.00×10^6 吨。

（二） 电力和热力生产方案

图 5-8 展示了规划期内各个减排情景下电力生产和外购电力的情况。总体来说，与煤相关的发电方式以及外购电力是该区域电力的主要来源。具体地，在情景 1 下，三个时期内燃煤发电量分别高达 154.00×10^3 GWh、136.85×10^3 GWh 和 120.94×10^3 GWh。相比较而言，在情景 3 下，燃煤发电量会大幅度减少，三个时期内的发电量分别为 90.94×10^3 GWh、73.48×10^3 GWh 和 $[56.20，56.42] \times 10^3$ GWh。由于垃圾发电能够节约资源和降低二次污染，三个规划期内其发电量将逐步提高，分别为 2.72×10^3 GWh、

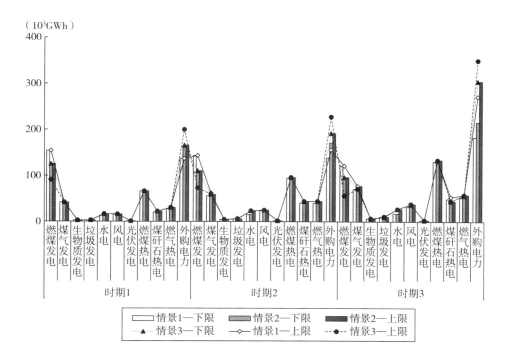

图 5-8 各个减排情景下电力生产和外购电力的情况

5.73×10^3 GWh 和 10.25×10^3 GWh（情景 1）。可再生能源发电量（如生物质、水能、风能和太阳能）保持增长的趋势，并且在电力生产系统中发挥着日益重要的作用。热电联产具有高效率、低排放和节能的优势，其发电量将会稳步增长。例如，在情景 1 下，燃煤热电联产发电量将由时期 1 的 [66.31，66.52] $\times 10^3$ GWh 增长到时期 3 的 [130.18，133.44] $\times 10^3$ GWh。同时，燃气热电联产由于其环境友好、经济性和高效性的特征，其优化发电量也会得到大幅度的提升，三个时期内分别为 [27.65，30.72] $\times 10^3$ GWh、 [39.95，44.39] $\times 10^3$ GWh 和 [52.27，58.08] $\times 10^3$ GWh。为了补偿电力供应缺口，大量的电力将从区域外买入，其电量从情景 1 下的 136.85×10^3 GWh、 [138.08，155.85] $\times 10^3$ GWh 和 [183.35，272.12] $\times 10^3$ GWh 增长到情景 3 的 [165.53，199.90] $\times 10^3$ GWh、 [192.03，227.56] $\times 10^3$ GWh 和 [305.59，350.43] $\times 10^3$ GWh。

图 5-9 展示了各个减排情景下的热力生产优化方案。燃煤供热会发生明显的变化，如情景 1 下，其优化供热量将会从时期 1 的 114.08PJ 减小

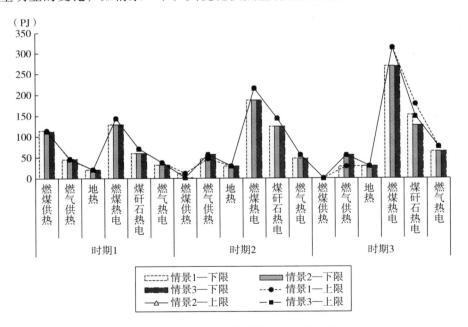

图 5-9　各个减排情景下热力生产优化方案

到时期3的0PJ。这主要是因为伴随污染物减排的要求越来越严格，更多的清洁能源将会被开发用于解决供热问题。例如，在三个时期内地热供热量分别为8.40PJ、11.51PJ和14.62PJ。相比单一的供热方式，来自热电联产的供热量将会明显提高，在情景1下，各个时期内热电联产供热总量分别为［220.53，251.84］PJ、［357.95，414.11］PJ和［482.31，564.81］PJ；而单一供热厂的供热总量分别为180.10PJ、87.52PJ和56.92PJ。结果表明，相比传统的转换技术，热电联产技术具有明显的优越性；随着日益增长的电力需求和日益提升的环境标准，热电联产技术应得到当地政府的大力支持并得到优先发展的机会。

（三）扩容方案

经济的快速发展和人口的日益增长在一定程度上会导致电力和热力短缺现象的出现，当现有生产能力不能满足需求时，设施扩容将会发生。表5-7给出了规划期内各个转换技术的扩容方案。结果表明，燃煤发电新增扩容量将会为0。这主要是因为越来越多的环境友好型发电技术将会成为电力生产的更优选择。对于煤气发电，其扩容将会发生在各个时期。例如，在情景1下，煤气在三个时期内的扩容量分别为［500，500］MW、［500，500］MW和［500，500］MW。此外，可再生能源的装机容量将会得到大幅度的提升。例如，在情景2下，三个规划期内垃圾发电的扩容量分别为［40，40］MW、［80，80］MW和［100，120］MW；风电的扩容量分别为［700，700］MW、［800，800］MW和［800，1000］MW。在此情景下，可再生能源新增装机容量将达到［3370，3390］MW。对于供热机组来说，装机容量将会稳步提升。例如，在情景1下，清洁能源——地热在时期1内的扩容量为［120，120］MW，时期2为［160，160］MW，时期3为0MW。

此外，由于热电联产技术的优越性，生产能力将会得到快速提升。在综合考虑环境目标和经济利益的情况下，燃煤热电联产将会是电力工业发展的新方向。其主要原因在于相比其他技术，燃煤热电联产拥有一定的成

表 5 – 7 各个减排情景下技术扩容方案

情景	规划期		
	时期 1	时期 2	时期 3
电力转换技术扩容（MW）			
燃煤发电 1	—	—	—
燃煤发电 2	—	—	—
燃煤发电 3	—	—	—
煤气发电 1	［500，500］	［500，500］	［500，500］
煤气发电 2	［500，500］	［500，500］	［500，500］
煤气发电 3	［500，500］	［500，500］	［300，500］
生物质发电 1	［60，60］	［60，60］	［60，60］
生物质发电 2	［60，60］	［60，60］	［60，60］
生物质发电 3	—	［24，24］	［30，30］
垃圾发电 1	［40，40］	［80，80］	［100，120］
垃圾发电 2	［40，40］	［80，80］	［100，120］
垃圾发电 3	［40，40］	［80，80］	［120，120］
水电 1	［150，150］	［200，200］	—
水电 2	［150，150］	［200，200］	—
水电 3	［150，150］	［200，200］	—
风电 1	［700，700］	［800，800］	［800，1000］
风电 2	［700，700］	［800，800］	［800，1000］
风电 3	［700，700］	［800，800］	［800，1000］
光伏发电 1	［80，80］	［120，120］	［120，120］
光伏发电 2	［80，80］	［120，120］	［120，120］
光伏发电 3	［80，80］	［120，120］	［120，120］
热力转换技术扩容（MW）			
燃煤供热 1	［150，150］	—	—
燃煤供热 2	［150，150］	—	—
燃煤供热 3	［150，150］	—	—
燃气供热 1	［400，400］	—	—
燃气供热 2	［400，400］	［200，200］	—
燃气供热 3	［400，400］	［200，200］	—

续表

情景	规划期		
	时期 1	时期 2	时期 3
地热			
1	[120, 120]	[160, 160]	—
2	[120, 120]	[160, 160]	—
3	[120, 120]	[160, 160]	—
热电联产技术扩容（MW）			
燃煤热电联产			
1	[500, 700]	[800, 800]	[1000, 1000]
2	[500, 700]	[800, 800]	[1000, 1000]
3	[500, 700]	[800, 800]	[1000, 1000]
煤矸石热电联产			
1	[300, 300]	[600, 600]	[300, 300]
2	[300, 300]	[600, 600]	—
3	[300, 300]	[600, 600]	—
燃气热电联产			
1	[350, 350]	[350, 350]	[350, 350]
2	[350, 350]	[350, 350]	[350, 350]
3	[350, 350]	[350, 350]	[350, 350]

本竞争力，而且随着未来污染物处理技术水平的提高，来自电厂的污染物排放也会逐渐降低。对于燃气热电联产，在情景 1 下，规划期内扩容量分别为 [350, 350] MW、[350, 350] MW 和 [350, 350] MW。虽然燃气热电联产得到了很大的发展，但其装机远小于燃煤热电联产，应进一步加大投入力度。

（四）大气污染控制

图 5-10 展示了规划期内情景 1 下污染物排放情况。伴随着经济的快速发展和人民生活水平的不断提高，能源需求在不断上涨，直接刺激了相关的能源活动，同时也带来了污染物的大量排放。唐山市严峻的大气污染现状与这些因素息息相关。通过实施大气污染控制方案和能源结构调整政

策、开发和利用可再生能源以及提高污染物处理效率等手段，规划期内污染排放总量会明显降低。例如，在情景 1 下，二氧化硫的排放量将会从时期 1 内的 ［215.97，247.26］×10³ 吨降低到时期 3 内的 ［149.68，172.15］×10³ 吨；氮氧化物的排放量从时期 1 内的 ［267.76，304.04］×10³ 吨下降到时期 3 内的 ［210.10，249.35］×10³ 吨；PM 的排放量将会从时期 1 内的 ［139.19，145.62］×10³ 吨减少到时期 3 内的 ［110.51，114.00］×10³ 吨。结果表明，产出结果不但能够生成可供选择的、合理的能源配置方案，而且有助于推动大气污染减排计划的实施。在其他的减排情景下，产出的结果更易满足环境要求，但是相应的系统成本也会大大提高。

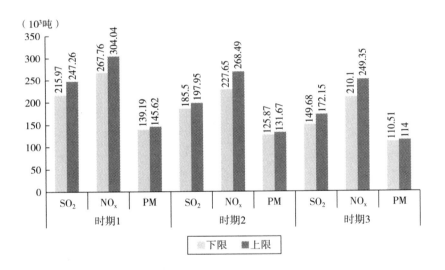

图 5 − 10　减排情景 1 下污染物排放情况

（五）系统成本和满意度

本章研究的目标是最大化系统目标和约束的满意度。在情景 1 下，系统成本为 ［1640.77，1953.60］×10⁹ 元，满意度（$\lambda_{opt}^{\pm}$）为 ［0.026，0.974］。具体来说，λ_{opt}^{-} =0.026 对应着较高的系统成本（也就是 1953.60×10⁹ 元），表

明在不利的系统条件下，系统将会更好地避免能源短缺的发生和确保环境标准得到满足。相反，$\lambda_{opt}^+ = 0.974$ 对应着较低的系统成本（也就是 1640.77×10^9 元），表明在有利的条件下，决策者在评估系统成本方面持有乐观的态度。

图 5-11 展示了不同减排情景下系统总成本（TC）、能源供应成本（CE）、扩容成本（CCE）和污染物控制成本（OCP）的情况。在不同减排情景下，系统总成本分别为 $[1640.77，1953.60] \times 10^9$ 元、$[1664.24，1978.20] \times 10^9$ 元和 $[1689.50，2002.80] \times 10^9$ 元。结果表明，在考虑更为严格的环境政策时会导致较高的系统成本，同时带来较低的约束违反风险，系统可靠性相应增加；反之亦然。这主要是因为随着污染物排放约束限制变紧，传统的电力和热力生产技术会被其他转换技术方式取代；而且，为了满足能源需求，更多的能源将会被买入（如外购电力）。此外，持续上升的电力和热力需求也会导致设施扩容的情形发生，进而引起投资成本的增加。另外，情景 1 下污染物控制削减成本为 $[7.89，12.41] \times 10^9$ 元（占系统总成本的 $[0.44，0.64]$ %）；情景 2 下

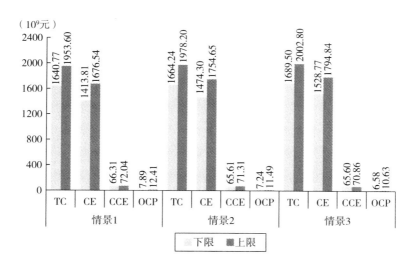

图 5-11 系统成本

污染物控制削减成本为 [7.24，11.49] ×10⁹元（占系统总成本的
[0.43，0.58]%）；情景 3 下污染物控制削减成本为 [6.58，10.63] ×
10⁹元（占系统总成本的 [0.39，0.53]%）。结果表明，大气污染减排政
策有助于降低污染物治理成本。

（六）讨论

当模糊集被确定数值和离散区间数取代时，上述问题也可以通过区间
参数—整数规划（IMIP）进行求解。情景 1 下，IMIP 模型系统成本为
[1632.59，1953.40] ×10⁹元；情景 2 下，系统成本为 [1656.04，
1986.90] ×10⁹元；情景 3 下，系统成本为 [1681.30，2002.62] ×10⁹
元。相比 IFMIP 的模型解，这些区间数值明显偏大。把模糊隶属度函数信
息简化为区间数值将会导致系统满意度信息的缺失。相比较而言，IFMIP
不但能够解决以离散区间形式表征的不确定性，而且能够以模糊隶属度函
数的形式处理模型中的双重动态性问题。另外，IFMIP 在反映不确定性信
息和捕捉系统安全和经济目标之间的权衡关系方面具有一定的优势。

五、本章小结

为了支持不确定性条件下耦合大气污染控制和可再生能源规划的能源
系统管理，本章提出了区间参数模糊混合整数规划模型。为了反映系统的
复杂性，区间模糊隶属度函数的概念被引入模型中。该模型不但能够捕捉
以区间数和模糊分布表示的多重不确定性，定量表征模型目标函数和约束
的满意度（以 λ± 的形式定义），而且能够有效地识别扩容方案的动态性以
及分析多种污染物减排方案。开发的模型被应用到唐山市能源系统管理
中，并考虑了多种能源与环境管理政策。在考虑经济和环境约束的条件

下，模型的解能够提供适用的、可供选择的决策方案。总体来说，研究获得的结果能够帮助决策者：①识别存在于整个能源系统中的复杂关系；②捕捉以离散区间数和模糊隶属度函数呈现的复杂性和不确定性问题；③通过采用区间隶属度函数（IMF）反映可再生能源资源（如水能、风能和太阳能）的可利用量信息；④分析系统经济、能源供应安全和环境要求之间的权衡关系；⑤调整能源配置方案以及转变能源消耗方式；⑥促进大气污染控制方案的实施。

第六章

能—水关联模式下区域电力系统
优化研究

一、基于双区间两阶段随机—模糊的区域电力
系统优化研究

（一）研究背景

随着我国社会经济跨越式发展，电力需求越来越高，电力短缺已成为当前发展最迫切需要解决的问题之一。实际上，能源和水的问题是密切相关的：以火电为主的电力生产需要消耗大量的水。据估计，火力发电冷却用水可占全部淡水取水量的40％以上。同时，在全球气候变化和人口增长的背景下，水资源短缺问题也日益严重，发电行业与其他用户之间的水资源配置竞争日趋激烈。为应对严峻的能源与水资源危机，亟须开展科学合理的能源系统管理与规划工作，统筹能源与水资源可持续协调发展。然而，区域能源系统呈现的一系列多重不确定性和复杂性问题，将会直接影响发电、供水、污染物减排等管理策略的制定，进而影响能源系统运行的

稳定性、经济性及其未来的发展方向。

之前，一些研究分析了综合管理系统中能源与水资源之间的关系。例如，Feng 等（2014）引入生命周期理论和投入产出模型，计算了 8 种能源转换技术的温室气体排放和水资源消耗情况。Lubega 和 Farid（2014）在能—水关联系统键合图建模的基础上提出了一种工程系统模型。DeNooyer 等（2016）提出了伊利诺伊州火电厂的地理信息系统模型，并分析了当前发电用水需求。Liao 等（2016）基于中国电厂级数据的高分辨率清单，考虑不同的冷却类型和水源，量化了当前热电联产的用水量。Yang 和 Chen（216）将一种与网络环境分析（NEA）相关的能—水关联模型应用到风力发电系统中。Wang 等（2017）用水资源短缺指数分析了中国输电系统的能水关系率。Parkinson 等（2018）为长期能源和水资源规划开发了灵活的多准则模型，其中模型包括系统成本、水资源可利用量和二氧化碳排放等约束。总体来说，上述研究主要是对系统中能—水关联进行了定量或定性分析，其组成和参数都是确定性的。然而，与能源和水资源相关的活动，以及有关的环境和经济影响存在着多种不确定因素和复杂的相互作用，这些都无法得到有效表征。

近年来，国内外学者在不确定性能源系统优化领域开展了一系列研究，研究方法包括区间参数规划、随机规划、模糊规划以及它们之间相互耦合的方法（Xue 等，2012；Pazouki 等，2014；刘政平等，2017；Mavromatidis 等，2018）。在这些方法中，通过整合区间规划（IPP）和两阶段随机规划（TSP）的区间两阶段随机规划方法（ITSP），可以有效地解决生产计划制定和资源分配问题。该方法不但能够处理以离散区间和已知概率分布呈现的不确定性信息，而且能够在事件发生后进行相应的政策调整，是一种潜力巨大的优化方法。但是，ITSP 不能处理存在于在系统约束和目标中的模糊系数和模糊信息。同时，模糊可信度约束规划（FCCP）是一种普遍被接受的模糊数学规划方法，可用于处理以模糊集形式呈现的不确定性问题。FCCP 不但能够帮助决策者综合评估存在于调度进程中经济目标和系统风险之间的权衡关系，而且能够为决策者提供不同可信度水平下的优化方案。由于具有反映模糊不确定性信息和扩大不确定性决策空间的优势，FCCP 已被成功应用到了许多的实际问题中。例如，Rong 和 Lahdelma（2008）提出了模糊机会约束线性规划模型，对炼钢废弃物收费管理进行了优化。Li 等（2015）利用改进的模糊可信度约束规划方法对区域农业水资源配置进行了研究，分析了不同置信水平下的灌溉系统情况，在实现农业效益最大化的基础上，得出了一系列具有可行性的水资源管理方案。Ji 等（2015）基于区间随机模糊机会约束规划方法构建了区域微网系统模型，用于污染物和温室气体的排放管理。事实上，输入参数的可利用信息通常是不确定和不完全的，一般可以用离散区间表示。当这些区间的上下边界也不确定时，就会导致双重不确定性（Maqsood 等，2005）。然而，将这些优化方法结合起来解决上述不确定性问题的研究却很少。

为此，本章开发双区间两阶段随机—模糊可信度优化方法，用于处理区域能—水关联系统中的不确定性和复杂性。ITFCP 不仅能够有效地反映以概率分布、模糊集和区间值表示的多种不确定性，而且提高了处理双重不确定性的能力。从能源与水资源关联的角度下建立的不确定性综合能源系统优化配置模型，有助于形成具有节能减排、绿色低碳和成本优势的能源配置方案。

（二）研究方法

1. 区间两阶段随机规划

基于第四章的研究，得到区间两阶段随机规划模型（ITSP）如下：

$$\text{Min} f^{\pm} = C_{T_1}^{\pm} X^{\pm} + \sum_{h=1}^{s} p_h D_{T_2}^{\pm} Y^{\pm} \tag{6-1}$$

约束条件：

$$A_r^{\pm} X^{\pm} \leq B_r^{\pm}, \; r \in M, \; M = 1, 2, \cdots, m_1 \tag{6-2}$$

$$A_i^{\pm} X^{\pm} + A_i^{\pm'} Y^{\pm} \geq \widetilde{w}_{ih}^{\pm}, \; i \in M; \; M = 1, 2, \cdots, m_2; \; h = 1, 2, \cdots, s \tag{6-3}$$

$$x_j^{\pm} \geq 0, \; x_j^{\pm} \in X^{\pm}, \; j = 1, 2, \cdots, n_1 \tag{6-4}$$

$$y_{jh}^{\pm} \geq 0, \; y_{jh}^{\pm} \in Y^{\pm}, \; j = 1, 2, \cdots, n_2; \; h = 1, 2, \cdots, s \tag{6-5}$$

2. 模糊可信度约束规划

模糊可信度约束规划（Fuzzy Credibility Constrained Programming，FC-CP）能够处理以模糊集表现的不确定性问题。FCCP 允许决策结果在一定程度上不完全满足存在着模糊变量的约束条件，从而扩大了决策空间。FCCP 模型具体表示如下（Zhao 和 Liu，2005）：

$$\text{Min} \sum_{j=1}^{n} c_j x_j \tag{6-6}$$

约束条件：

$$Cr\left(\sum_{j=1}^{n} a_{ij}x_j \leqslant \widetilde{b}_i\right) \geqslant \lambda_i, \quad i=1, 2, \cdots, m_1 \tag{6-7}$$

$$x_j \geqslant 0; \quad j=1, 2, \cdots, n \tag{6-8}$$

其中，x_j 表示决策变量；$\widetilde{b}_i$ 表示模糊参量，$\widetilde{b}_i = (\underline{b}_i, b_i, \overline{b}_i)$；$\lambda_i$ 表示模糊置信水平；$Cr\{\cdot\}$ 表示事件 $\{\cdot\}$ 的可信性测度。

在 FCCP 中，定义为可能性测度和必要性测度的置信测度如模型（6-9）和模型（6-10）所示（Dubois 和 Prade，1983）：

$$Pos\{\xi \leqslant r\} = \sup_{u \leqslant r}\mu(u) \tag{6-9}$$

$$Nec\{\xi \leqslant r\} = 1 - Pos\{\xi > r\} = 1 - \sup_{u > r}\mu(u) \tag{6-10}$$

其中，ξ 表示隶属度函数 μ 的一个模糊变量；Pos 和 Nec 分别表示可能性测度和必要性测度。可信度测度 Cr 为可能性测度和必要性测度的平均值（Liu 和 Liu，2002）：

$$Cr\{\xi \leqslant r\} = \frac{1}{2}(Pos\{\xi \leqslant r\} + Nec\{\xi \leqslant r\}) \tag{6-11}$$

$$Cr\{\xi \leqslant r\} + Cr\{\xi > r\} = 1 \tag{6-12}$$

式中，ξ 为模糊变量，其中一些可以用三角模糊数 (a, t, b) 表示，其隶属度函数表示为：

$$\mu(r) = \begin{cases} \dfrac{r-a}{t-a} & if\ a \leqslant r \leqslant t \\[2mm] \dfrac{r-b}{t-b} & if\ t \leqslant r \leqslant b \\[2mm] 0 & \text{其他} \end{cases} \tag{6-13}$$

则对应的测度（$r \leqslant \xi$）如下：

$$Cr(r \leqslant \xi) = \begin{cases} 1 & if\ r \leqslant a \\ \dfrac{2t-a-r}{2(t-b)} & if\ a \leqslant r \leqslant t \\ \dfrac{r-b}{2(t-b)} & if\ t \leqslant r \leqslant b \\ 0 & if\ r \geqslant b \end{cases} \qquad (6-14)$$

一般来说，显著的置信水平应大于 0.5。因此，基于模型（6-14），对于 $1 > \lambda_j \geqslant 0.5$ 可获得以下模型：

$$Cr(r \leqslant \xi) = \frac{2t-a-r}{2(t-b)} \geqslant \lambda \qquad (6-15)$$

因此，可获得：

$$r \leqslant t + (1-2\lambda)(t-a) \qquad (6-16)$$

分别用 $\sum\limits_{j=1}^{n} a_{ij}x_j$ 和 $\widetilde{b}_i = (\underline{b}_i,\ b_i,\ \overline{b}_i)$ 代替 r 和 ξ，将模型转换为一个清晰等价类模型：

$$Min \sum_{j=1}^{n} c_j x_j \qquad (6-17)$$

约束条件：

$$\sum_{j=1}^{n} a_{ij}x_j \leqslant b_i + (1-2\lambda_i)(b_i - \underline{b}_i),\ i = 1,\ 2,\ \cdots,\ m_1 \qquad (6-18)$$

$$x_j \geqslant 0;\ j = 1,\ 2,\ \cdots,\ n \qquad (6-19)$$

3. 双区间两阶段随机模糊规划

一般来说，模型（6-17）~模型（6-19）可以处理表征成模糊集的不确定性问题，但它不能处理存在于约束和目标函数中的复杂性问题。同时，在实际问题中，离散区间的边界可能是波动的，而且常常不能以确定性概率分布的形式表达，这将导致双重不确定性的出现。这种不确定性可以表征成模糊边界区间，它通过区间隶属函数（IMF）来反映（Maqsood 和 Huang，2003；Nie 等，2007；Zhen 等，2016）。因此，通过将 ITSP 整合到 FCCP 和 IMF 中，混合 ITFCP 模型可以表示为：

$$\text{Min} f^{\pm} = \sum_{j=1}^{n_1} c_j^{\pm} x_j^{\pm} + \sum_{j=1}^{n_2} \sum_{h=1}^{s} p_h d_j^{\pm} y_{jh}^{\pm} \qquad (6-20)$$

约束条件：

$$Cr\left(\sum_{j}^{n} a_{ij}^{\pm} x_j^{\pm} \leqslant \widetilde{b}_i^{\pm}\right) \geqslant \lambda_i, \ i = 1, \ 2, \ \cdots, \ m_1 \qquad (6-21)$$

$$\sum_{j=1}^{n_1} a_{rj}^{\pm} x_j^{\pm} + \sum_{j=1}^{n_1} a_{rj}'^{\pm} y_{jh}^{\pm} \leqslant \hat{w}_h^{\pm}, \ r = 1, \ 2, \ \cdots, \ m_2; \ h = 1, \ 2, \ \cdots, \ s$$

$$(6-22)$$

$$x_j^{\pm} \geqslant 0, \ j = 1, \ 2, \ \cdots, \ n_1 \qquad (6-23)$$

$$y_{jh}^{\pm} \geqslant 0, \ j = 1, \ 2, \ \cdots, \ n_2; \ h = 1, \ 2, \ \cdots, \ s \qquad (6-24)$$

其中，$\widetilde{b}_i^{\pm}$ 表示区间模糊参数，$\widetilde{b}_i^- = (\underline{b}_i^-, \ b_i^-, \ \overline{b}_i^-)$，$\widetilde{b}_i^+ = (\underline{b}_i^+, \ b_i^+, \ \overline{b}_i^+)$。

基于交互式算法，模型（6-20）~模型（6-24）可以转化为对应着预期目标函数值上限、下限的两个子模型。以 $x_j^- + \mu_j \Delta x_j$ 替代 $x_j^{\pm}$，其中 $\Delta x_j = x_j^+ - x_j^-$ 和 $\mu_j \in [0, \ 1]$，μ_j 为决策变量。由于目标为最小化系统成本，应首先确定 f^- 子模型：

$$\text{Min} f^- = \sum_{j=1}^{k_1} c_j^- (x_j^- + \mu_j \Delta x_j) + \sum_{h=1}^{s} p_h \left(\sum_{j=1}^{k_2} d_j^- y_{jh}^- + \sum_{j=k_2+1}^{n_2} d_j^- y_j^+\right) \qquad (6-25)$$

约束条件：

$$\sum_{j=1}^{k_1} |a_{ij}|^+ \text{sign}(a_{ij}^+)(x_j^- + \mu_j \Delta x_j) \leqslant b_i^- + (1 - 2\lambda_i)(b_i^- - \underline{b}_i^-), \ \forall i$$

$$(6-26)$$

$$\sum_{j=1}^{k_1} |a_{rj}|^+ \text{sign}(a_{rj}^+)(x_j^- + \mu_j \Delta x_j) + \sum_{j=1}^{k_2} |a'_{rj}|^+ \text{sign}(a'^+_{rj}) y_{jh}^- + \sum_{j=k_2+1}^{n_2} |a'_{rj}|^-$$

$$\text{sign}(a'^-_{rj}) y_{jh}^+ \leqslant \hat{w}_h^-, \ \forall r, \ h \qquad (6-27)$$

$$x_j^- + \mu_j \Delta x_j \geqslant 0, \ j = 1, \ 2, \ \cdots, \ k_1 \qquad (6-28)$$

$$y_{jh}^- \geqslant 0, \ j = 1, \ 2, \ \cdots, \ n_2 \qquad (6-29)$$

$$y_{jh}^+ \geqslant 0, \ j = k_2 + 1, \ k_2 + 2, \ \cdots, \ n_2 \qquad (6-30)$$

其中，μ_j、y_{jh}^- 和 y_{jh}^+ 为决策变量；y_{jh}^-，$j = 1, \ 2, \ \cdots, \ k_2$ 和 $h = 1, \ 2, \ \cdots,$

s 为目标函数中系数为正的随机变量，y_{jh}^{+}，$j = k_2 + 1$，$k_2 + 2$，$\cdots$，n_2 和 $h =$ 1，2，$\cdots$，s 为目标函数中系数为负的随机变量。$y_{jhopt}^{-}(j = 1，2，\cdots，k_2)$，$y_{jhopt}^{+}(j = k_2 + 1，k_2 + 2，\cdots，n_2)$ 和 μ_{jopt} 可以通过子模型（6－25）～子模型（6－30）求得。第一阶段的最优解为 $x_{jopt} = x_j^{-} + \mu_{jopt}\Delta x_j$，$j = 1，2，\cdots，n_1$。通过上述求解过程，可得到对应目标函数上限的 f^{+} 子模型：

$$\text{Min } f^{+} = \sum_{j=1}^{k_1} c_j^{+} x_{jopt} + \sum_{h=1}^{s} p_h \left(\sum_{j=1}^{k_2} d_j^{+} y_{jh}^{+} + \sum_{j=k_2+1}^{n_2} d_j^{+} y_{jh}^{-} \right) \tag{6－31}$$

约束条件：

$$\sum_{j=1}^{k_1} |a_{ij}|^{-} \text{sign}(a_{ij}^{-}) x_{jopt} \leqslant b_i^{+} + (1 - 2\lambda_i)(b_i^{+} - \underline{b}_i^{+})，\quad \forall i \tag{6－32}$$

$$\sum_{j=1}^{k_1} |a_{rj}|^{-} \text{sign}(a_{rj}^{-}) x_{jopt} + \sum_{j=1}^{k_2} |a'_{rj}|^{-} \text{sign}(a'^{-}_{rj}) y_{jh}^{+} + \sum_{j=k_2+1}^{n_2} |a'_{rj}|^{+} \text{sign}(a'^{+}_{rj})$$
$$y_{jh}^{-} \leqslant \hat{w}_h^{+}，\quad \forall r，h \tag{6－33}$$

$$y_{jh}^{+} \geqslant y_{jhopt}^{-}，\quad j = 1，2，\cdots，k_2，\quad \forall h \tag{6－34}$$

$$y_{jhopt}^{-} \geqslant y_{jh}^{-}，\quad j = k_2 + 1，k_2 + 2，\cdots，n_2，\quad \forall h \tag{6－35}$$

其中，y_{jhopt}^{+}（$j = 1，2，\cdots，k_2$）和 y_{jhopt}^{-}（$j = k_2 + 1，k_2 + 2，\cdots，n_2$）可以通过子模型（6－31）～子模型（6－35）获得。因此，可以得到如下解：

$$x_{jopt} = x_j^{-} + \mu_{jopt}\Delta x_j，\quad \forall j \tag{6－36}$$

$$y_{jhopt}^{\pm} = [y_{jhopt}^{-}，y_{jhopt}^{+}]，\quad \forall j，h \tag{6－37}$$

$$f_{opt}^{\pm} = [f_{jopt}^{-}，f_{jopt}^{+}] \tag{6－38}$$

（三）案例研究

选取北方某典型重工业地区为研究对象。该地区煤炭资源消耗巨大，大气污染问题突出。同时，该地区属于严重缺水的区域。随着经济社会的快速发展，区域内能源利用与水资源之间的供需矛盾逐渐加剧。在此背景下，本章的主要目的是：①为电力系统制定合理、有效的电力生产、水资源分配、污染排放方案；②帮助决策者权衡系统经济目标、环境目标和系统风险之间的关系。

该系统主要考虑了5种发电技术、3种大气污染物、3种电力需求水平。基于能源的供需情况，决策者会对未来各种发电技术的发电量预先设定目标。当预先设定的发电目标不能满足电力需求时，需要电厂进行额外发电，产生相应的经济惩罚。表6-1显示了不同概率水平下的电力需求量。表6-2为各种发电方式的单位耗水量。

表6-1 电力需求量

规划期	需求水平	概率（%）	电力需求（10^3 GWh）
	低	0.25	[143.13，155.29]
$t=1$	中	0.5	[153.97，166.32]
	高	0.25	[165.09，180.62]
	低	0.2	[150.34，165.00]
$t=2$	中	0.6	[168.11，184.18]
	高	0.2	[187.60，205.80]
	低	0.3	[167.63，170.61]
$t=3$	中	0.4	[282.73，195.07]
	高	0.3	[210.17，228.63]

表6-2 各种发电技术单位耗水量

发电技术	单位需水量（10^3 立方米/GWh）		
	$t=1$	$t=2$	$t=3$
燃煤发电	[1.64，1.77]	[1.55，1.69]	[1.47，1.60]
燃气发电	[0.97，1.07]	[0.91，1.02]	[0.85，0.97]
生物质发电	[1.80，2.25]	[1.70，2.18]	[1.57，2.10]
光伏发电	[0.10，0.12]	[0.09，0.11]	[0.08，0.10]

结合电力结构调整、新能源开发、污染物减排、水资源总量控制等，

本章应用双区间两阶段随机—模糊可信度优化方法建立区域综合能源系统规划模型。模型以系统经济成本最小化为目标，规划期为 9 年，每 3 年为一个规划期。具体模型如下：

$$\text{Min } f^{\pm} = f_1^{\pm} + f_2^{\pm} + f_3^{\pm} + f_4^{\pm} + f_5^{\pm} + f_6^{\pm} \tag{6-39}$$

（1）能源供应成本：

$$f_1^{\pm} = \sum_{j=1}^{5} \sum_{t=1}^{3} \sum_{h=1}^{3} PE_{jt}^{\pm} (X_{jt}^{\pm} + p_{th} Q_{jth}^{\pm}) FE_{jt}^{\pm} \tag{6-40}$$

式中，j 为电力转换技术类型（$j=1$ 为燃煤发电，$j=2$ 为燃气发电，$j=3$ 为生物质发电，$j=4$ 为风电，$j=5$ 为光伏发电），t 为规划期，h 为电力需求水平（$h=1$ 为低水平，$h=2$ 为中水平，$h=3$ 为高水平），$PE_{jt}^{\pm}$ 为 t 时期发电技术 j 能源购买成本（10^3 元/TJ），$X_{it}^{\pm}$ 为 t 时期发电技术 j 预先制定的发电目标（GWh），$Q_{jth}^{\pm}$ 为 t 时期发电技术 j 额外发电量（GWh），$FE_{jt}^{\pm}$ 为 t 时期发电技术 j 能源转换率（TJ/GWh）。

（2）发电运行成本：

$$f_2^{\pm} = \sum_{j=1}^{5} \sum_{t=1}^{3} PC_{jt}^{\pm} X_{jt}^{\pm} + \sum_{j=1}^{5} \sum_{t=1}^{3} \sum_{h=1}^{3} p_{th} PCE_{jt}^{\pm} Q_{jth}^{\pm} \tag{6-41}$$

式中，$PC_{jt}^{\pm}$ 为 t 时期发电技术 j 常规运行成本（10^3 元/GWh），$PCE_{jt}^{\pm}$ 为 t 时期发电技术 j 额外发电成本（10^3 元/GWh）。

（3）外购电力成本：

$$f_3^{\pm} = \sum_{t=1}^{3} \sum_{h=1}^{3} p_{th} PUE_t^{\pm} IP_{th}^{\pm} \tag{6-42}$$

式中，$PUE_t^{\pm}$ 为 t 时期 h 水平下调入电力成本（10^3 元/GWh），$IP_{th}^{\pm}$ 为 t 时期 h 水平下电力调入量（GWh）。

（4）扩容成本：

$$f_4^{\pm} = \sum_{j=1}^{5} \sum_{n=1}^{3} \sum_{t=1}^{3} \sum_{h=1}^{3} p_{th} Y_{jnth}^{\pm} PEC_{jt}^{\pm} EC_{jnth}^{\pm} \tag{6-43}$$

式中，n 为扩容方案，$Y_{jnth}^{\pm}$ 为 t 时期 h 水平下发电技术 j 是否在 n 扩容选择下扩容，$PEC_{jt}^{\pm}$ 为 t 时期发电技术 j 单位扩容成本（10^3 元/MW），$EC_{jnth}^{\pm}$ 为 t 时期 h 水平下发电技术 j 在 n 扩容选择下的扩容量（MW）。

（5）污染物治理成本：

$$f_5^\pm = \sum_{j=1}^{5} \sum_{r=1}^{3} \sum_{t=1}^{3} PP_{jrt}^\pm X_{jt}^\pm \eta_{jrt}^\pm EF_{jrt}^\pm + \sum_{j=1}^{5} \sum_{r=1}^{3} \sum_{t=1}^{3} \sum_{h=1}^{3} p_{th} PPE_{jrt}^\pm Q_{jth}^\pm \eta_{jrt}^\pm EF_{jrt}^\pm$$

（6－44）

式中，r 为污染物种类（$r=1$ 为 SO_2，$r=2$ 为 NO_x，$r=3$ 为 PM10），$PP_{jrt}^\pm$ 为 t 时期发电技术 j 污染物 r 的常规治理成本（10^3 元/吨），$PPE_{jrt}^\pm$ 为 t 时期发电技术 j 额外排放污染物 r 的治理成本（10^3 元/吨），$EF_{jrt}^\pm$ 为 t 时期发电技术 j 污染物 r 产污系数（吨/GWh），$\eta_{jrt}^\pm$ 为 t 时期发电技术 j 污染物 r 去除率。

（6）水资源供应成本：

$$f_6^\pm = \sum_{j=1}^{5} \sum_{t=1}^{3} \sum_{h=1}^{3} CCW_{jt}^\pm (X_{jt}^\pm + p_{th} Q_{jth}^\pm) CW_{jt}^\pm$$

（6－45）

式中，$CW_{jt}^\pm$ 为 t 时期发电技术 j 用水量（10^3 立方米/GWh），$CCW_{jt}^\pm$ 为 t 时期发电技术 j 用水成本（10^3 元/10^3 立方米）。

约束条件：

（1）能源资源可获得量约束：

$$(X_{jt}^\pm + Q_{jth}^\pm) FE_{jt}^\pm \leqslant AER_{jt}^\pm, \quad \forall j, t, h$$

（6－46）

式中，$AER_{jt}^\pm$ 为 t 时期可利用能源资源量（TJ）。

（2）水资源可获得量约束：

$$\left(\sum_{j=1}^{7} (X_{jt}^\pm + Q_{jth}^\pm) CW_{jt}^\pm \leqslant AW\widetilde{R}_t^\pm \right) \geqslant \lambda, \quad \forall t, h$$

（6－47）

式中，$AW\widetilde{R}_t^\pm$ 为 t 时期可利用水资源量（10^3 立方米），λ 为置信水平。

（3）电力需求约束：

$$\left(IP_{th}^\pm + \sum_{j=1}^{7} (X_{jt}^\pm + Q_{jth}^\pm) \right)(1 - \rho_t) \geqslant DM_{th}^\pm, \quad \forall t, h$$

（6－48）

式中，ρ_t 为电网损失率，$DM_{th}^\pm$ 为 t 时期 h 水平下电力需求量（GWh）。

（4）机组装机容量负荷约束：

$$\sum_{n=1}^{3} \sum_{t=1}^{t} \left(RC_j + Y_{jnth}^{\pm} EC_{jnth}^{\pm} \right) ST_{jt}^{\pm} \geq X_{jt}^{\pm} + Q_{jth}^{\pm}, \quad \forall j, t, h \qquad (6-49)$$

式中，RC_j 为发电技术 j 原始装机容量（MW），$ST_{jt}^{\pm}$ 为发电技术 j 运行时间（小时）。

（5）污染物排放约束：

$$\sum_{j=1}^{7} \left(X_{jt}^{\pm} + Q_{jth}^{\pm} \right) \left(1 - \eta_{jrt}^{\pm} \right) EF_{jrt}^{\pm} \leq AEP_{rt}^{\pm}, \quad \forall r, t, h \qquad (6-50)$$

式中，$AEP_{rt}^{\pm}$ 为 t 时期污染物 r 允许排放量（吨）。

（6）扩容约束：

$$Y_{jnth}^{\pm} \begin{cases} =0; & \text{其他} \\ =1; & \text{扩容} \end{cases}, \quad \forall j, t, h \qquad (6-51)$$

$$LCAP_{jt}^{\pm} \leq \sum_{n=1}^{3} \sum_{t=1}^{3} \left(RC_j + Y_{jnth}^{\pm} EC_{jnth}^{\pm} \right), \quad \forall t, h, j=5, 6, 7, 8 \qquad (6-52)$$

式中，$LCAP_{jt}^{\pm}$ 为 t 时期发电技术 j 最小装机容量（MW）。

（7）非负约束：

$$X_{jt}^{\pm} \geq 0, \quad \forall j, t \qquad (6-53)$$

$$Q_{jth}^{\pm} \geq 0, \quad \forall j, t, h \qquad (6-54)$$

$$IEP_{th}^{\pm} \geq 0, \quad \forall t, h \qquad (6-55)$$

（四）结果分析

本章设置了 6 种置信水平（λ = 1.0、0.9、0.8、0.7、0.6 和 0.5）情景。图 6 - 1 为中等电力需求水平下的电力生产结果。由图可知，随着时间的推移，通过采取煤炭总量控制等政策，燃煤发电量将逐渐减少。当 λ = 0.7 时，在三个规划期内燃煤发电量分别为 138.90 × 10³GWh、[135.00，137.29] × 10³GWh 和 [125.94，129.52] × 10³GWh，其发电比例分别为 [81.52，84.70]%、[76.80，77.13]% 和 [70.50，72.21]%。结果表明，燃煤发电以其稳定性高、成本低、资源储备等优势，在该地区电力结构中仍将占据主导地位，燃气发电次之。随着污染物排放约束的日益严苛，由于清洁、近零排放的特点，新能源发电量将稳步增长。对于风电来说，规划期内其发电量将逐步增加，且增幅较大。当 $\lambda = 0.7$ 时，风电发电量将从 [7.98，8.40] $\times 10^3$ GWh 增长到 [13.65，17.55] $\times$ 10^3 GWh。结果表明各种发电方式发电量将随着置信水平的变化而波动。例如，随着 λ 值的增大，燃煤发电量将呈现下降趋势。这是由于燃煤发电会消耗大量的水，随着置信水平的提升，约束更加严格，水资源可利用总量将会降低，系统将优先考虑降低燃煤机组的水资源分配量，其发电量随之减少。相比较而言，其他发电方式发电量变化不明显。总体来说，新能源发电比例将不断加大，将由 $\lambda = 0.5$ 时的 [6.56，6.57]%、[9.02，9.12]% 和 [10.40，12.10]% 增长到 $\lambda = 1.0$ 时的 [6.71，6.91]%、[9.67，9.84]% 和 [10.96，13.01]%。水资源的合理有效控制，在某种程度上将促进电力结构调整。

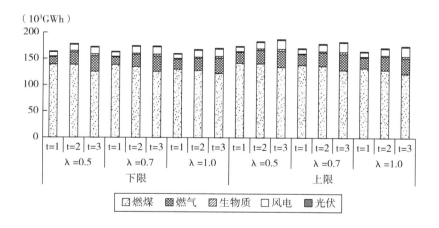

图 6-1　中等电力需求水平下电力生产方案

图 6-2 展示了中等电力需求水平下各种发电方式的耗水情况。火力发电是高耗水行业，用水主要包括冷却水、除灰（渣）用水、锅炉补给水和化学自用水等。总体来说，燃煤发电在总耗水量中占据绝对主导地位，燃气发电次之。例如，当 $\lambda = 0.5$ 时，燃煤发电耗水量分别为 [228.18，

252.04]×10^6 立方米、[215.07，238.79]×10^6 立方米和[185.14，180.54]×10^6 立方米，其用水比例为[90.73，93.29]%、[87.79，88.97]%和[84.89，85.58]%。随着置信水平的提升，燃煤发电耗水量将会降低。对于燃气发电，当 $\lambda = 0.5$ 时，其用水比例分别为[5.59，8.02]%、[8.85，9.71]%和[11.46，11.73]%，但其发电比例达到[8.60，11.93]%、[13.18，14.08]%和[16.31，16.84]%。在严峻的水资源短缺与大气污染的背景下，天然气作为一种清洁能源，在未来的能源供应中应发挥更大的作用。同时，为保障电力供应安全、应对能源与水资源危机的挑战，应采取各种机制和经济政策进一步促进新能源发展。另外，该地区单位发电量耗水量将呈现明显的下降趋势。例如，当 $\lambda = 1.0$ 时，规划期内单位发电量耗水量分别为[1.48，1.58]千克/千瓦时、[1.33，1.46]千克/千瓦时和[1.24，1.33]千克/千瓦时。结果表明，所构建的系统模型能够形成具有节能降耗优势的管理方案，以促进电力生产与水资源利用可持续发展。

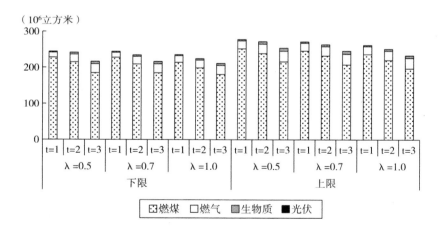

图 6 – 2　电力生产耗水量

图 6 – 3 为规划期内不同情景下污染物排放量。以火力发电为主的电力结构带来了大量的大气污染排放，主要包括二氧化硫、氮氧化物和

PM10 等。结果表明，规划期内污染物得到了有效控制，排放量呈现明显的下降趋势。例如，当 $\lambda = 1$ 时，在三个规划期内，氮氧化物的排放量为 $[108.80，119.74] \times 10^3$ 吨、$[83.04，192.25] \times 10^3$ 吨 和 $[66.39，72.52] \times 10^3$ 吨。总体来说，随着置信水平的提高，污染物排放量也逐渐下降。当 λ 从 0.5 增加到 1.0 时，在三个规划期内，二氧化硫的排放量将由 $[100.48，119.17] \times 10^3$ 吨、$[79.12，79.17] \times 10^3$ 吨 和 $[55.00，60.01] \times 10^3$ 吨下降到 $[95.43，113.49] \times 10^3$ 吨、$[72.80，74.25] \times 10^3$ 吨和 $[53.63，55.55] \times 10^3$ 吨。这主要是由于置信水平的提升，燃煤发电将会受到限制，二氧化硫等污染物的排放量会随之降低。

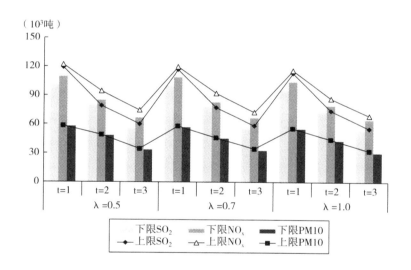

图 6 - 3　污染物排放量

图 6 - 4 给出了不同情景下的系统成本。不同的电力生产方案和水资源分配模式会带来不同的系统成本。由图可知，置信水平的提升会带来系统成本的增加。当 λ 取 0.5、0.7 和 1.0 时，系统成本分别为 $[139.08，194.14] \times 10^9$ 元、$[140.94，198.60] \times 10^9$ 元和 $[146.83，206.38] \times 10^9$ 元。这是因为置信水平越高，违反水资源约束的系统失效风险越低，系统

需要调入更多的电力和发展清洁能源，导致系统成本增加，反之亦然。结果表明，模型能够产出多种可供选择的、具有可行性的能源—水资源管理方案，区域决策者可在更乐观、更灵活、风险中性的方案和更保守、更可靠、风险规避的方案之间进行选择。

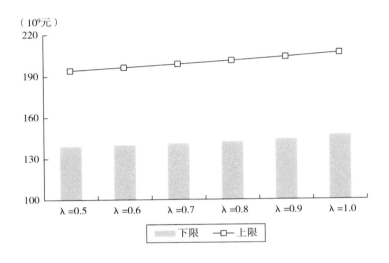

图 6 - 4　系统成本

（五）结论

在兼顾经济效益和环境效益的基础上，模型产出了电力生产、水资源分配和污染物减排等优化方案。结果表明，燃煤发电在电力供应中占据主导地位，但在能源与水资源危机的背景下，其发电量将逐渐下降；燃气与新能源发电量持续上升，但需进一步推进。

水资源的合理有效控制在一定程度上将促进电力结构调整。模型优化方法能够有效地处理区间参数的双重不确定性问题，优化结果能够推动区域节能减排，促进新能源开发，实现能源与水资源协调可持续发展。

二、能—水关联模式下唐山市能源—环境系统优化模型研究

（一） 唐山市能—水关联研究必要性

当前，唐山市面临着严峻的能源问题，也面临着严重的水资源短缺问题，唐山是中国最严重的缺水地区之一。唐山市人均水资源占有量仅为 329 立方米，远低于 2017 年全国人均 2074.5 立方米的水平。由地表水和地下水组成的可利用水资源持续减少，由 2007 年的 2.56×10^9 立方米下降到 2017 年的 2.42×10^9 立方米。特别是随着城市的快速发展，对水资源的要求会越来越高，这必然加剧水资源供需矛盾。特别是，以煤炭为主的电力供应结构将消耗大量的水资源。因此，水资源问题应纳入唐山市电力系统规划的框架中。

本节基于上一节开发的双区间两阶段模糊可信度约束规划模型，开展不确定条件下唐山市能—水关联系统的优化与管理研究，用于解决能源结构调整、环境污染、能水消耗以及多种不确定性等问题。本章设置了几种不同可信度水平的情景。所获得的结果将有助于：①反映能源—水关联系统的多种不确定性和竞争性相互作用；②取得发电、供水和污染物排放的最佳模式；③实现经济、环境目标和违反风险之间的权衡；④揭示实施的政策和战略对能源—水关联系统的影响。同时，该模型可为其他典型重工业地区复杂的能—水系统管理提供参考。

（二） 能—水关联模式下唐山市电力系统优化模型构建

图 6-5 给出了基于双区间两阶段随机模糊规划的区域能—水关联系统

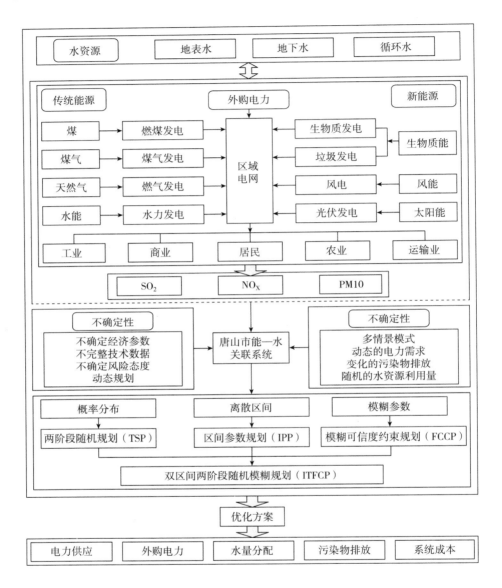

图 6-5 区域能—水关联系统管理模型流程

管理模型的流程。在该模式下，当电力供应不能满足用电需求时，应增加装机容量或从相邻电网进口额外的电力。同时，在发电过程中，水资源是必不可少的，它将被分配给燃煤发电、水力发电、太阳能发电等（风力发电几乎不需要用水）。结合电力结构调整、新能源开发、污染物减排和用水量控制等，该模型的目标是最小化系统总成本，规划期为 2019 ~ 2027 年，每个规划期 3 年。系统成本包括能源购买成本、发电成本、电力进口成本、设施扩建成本、污染物处理成本、污染排放成本、水资源成本、发电补贴成本。

$$
\begin{aligned}
\mathrm{Min}\, f^{\pm} = {} & \sum_{j=1}^{8}\sum_{t=1}^{3}\sum_{h=1}^{3} PUN_{jt}^{\pm}\left(PG_{jt}^{\pm}+p_{th}EPG_{jth}^{\pm}\right)FE_{jt}^{\pm} + \sum_{j=1}^{8}\sum_{t=1}^{3} PC_{jt}^{\pm}PG_{jt}^{\pm} + \\
& \sum_{j=1}^{8}\sum_{t=1}^{3}\sum_{h=1}^{3} p_{th}PCE_{jt}^{\pm}EPG_{jth}^{\pm} + \sum_{t=1}^{3}\sum_{h=1}^{3} p_{th}PUE_{t}^{\pm}IEP_{th}^{\pm} + \\
& \sum_{j=1}^{8}\sum_{n=1}^{3}\sum_{t=1}^{3}\sum_{h=1}^{3} p_{th}Y_{jnth}^{\pm}PEC_{jt}^{\pm}EC_{jnth}^{\pm} + \sum_{j=1}^{8}\sum_{r=1}^{3}\sum_{t=1}^{3} PP_{jrt}^{\pm}PG_{jt}^{\pm}\eta_{jrt}^{\pm}EF_{jrt}^{\pm} + \\
& \sum_{j=1}^{8}\sum_{r=1}^{3}\sum_{t=1}^{3}\sum_{h=1}^{3} p_{th}\,PPE_{jrt}^{\pm}\,EPG_{jth}^{\pm}\,\eta_{jrt}^{\pm}\,EF_{jrt}^{\pm} + \sum_{j=1}^{8}\sum_{r=1}^{3}\sum_{t=1}^{3}\sum_{h=1}^{3} PET_{jrt}^{\pm} \\
& \left(PG_{jt}^{\pm}+p_{th}EPG_{jth}^{\pm}\right)EF_{jrt}^{\pm}\left(1-\eta_{jrt}^{\pm}\right) + \sum_{j=1}^{8}\sum_{t=1}^{3}\sum_{h=1}^{3} CCW_{jt}^{\pm}\left(PG_{jt}^{\pm}+p_{th}\right. \\
& \left. EPG_{jth}^{\pm}\right)CW_{jt}^{\pm} - \sum_{j=1}^{8}\sum_{t=1}^{3}\sum_{h=1}^{3} PFS_{jt}^{\pm}\left(PG_{jt}^{\pm}+p_{th}EPG_{jth}^{\pm}\right) \qquad (6-56)
\end{aligned}
$$

约束条件：

（1）能源可利用量约束：

$$
\left(PG_{jt}^{\pm}+EPG_{jth}^{\pm}\right)FE_{jt}^{\pm}\leqslant AER_{jt}^{\pm},\quad \forall j,\ t,\ h \qquad (6-57)
$$

（2）水资源可利用量约束：

$$
\left(\sum_{j=1}^{8}\left(PG_{jt}^{\pm}+EPG_{jth}^{\pm}\right)CW_{jt}^{\pm}\leqslant AW\,\widetilde{R}_{t}^{\pm}\right)\geqslant\lambda,\quad \forall t,\ h \qquad (6-58)
$$

（3）电力需求约束：

$$
\left(IEP_{th}^{\pm}+\sum_{j=1}^{8}\left(PG_{jt}^{\pm}+EPG_{jth}^{\pm}\right)\right)\left(1-\rho_{t}\right)\geqslant DM_{th}^{\pm},\quad \forall t,\ h \qquad (6-59)
$$

$$
IEP_{th}^{\pm}\geqslant\alpha_{t}^{\pm}DM_{th}^{\pm},\quad \forall t,\ h \qquad (6-60)
$$

（4）电力转换技术容量限制约束：

$$
\sum_{n=1}^{3}\sum_{t=1}^{t}\left(RC_{j}+Y_{jnth}^{\pm}EC_{jnth}^{\pm}\right)ST_{jt}^{\pm}\geqslant PG_{jt}^{\pm}+EPG_{jth}^{\pm},\quad \forall j,\ t,\ h \qquad (6-61)
$$

（5）污染物排放约束：

$$\sum_{j=1}^{8} (PG_{jt}^{\pm} + EPG_{jth}^{\pm})(1 - \eta_{jrt}^{\pm}) EF_{jrt}^{\pm} \leq AEP_{rt}^{\pm}, \quad \forall r, t, h \qquad (6-62)$$

（6）扩容约束：

$$Y_{jnth}^{\pm} \begin{cases} = 0; \ 不扩容 \\ = 1; \ 扩容 \end{cases}, \quad \forall j, t, h \qquad (6-63)$$

$$LCAP_{jt}^{\pm} \leq \sum_{n=1}^{3} \sum_{t=1}^{3} (RC_j + Y_{jnth}^{\pm} EC_{jnth}^{\pm}), \quad \forall t, h, j = 5, 6, 7, 8 \qquad (6-64)$$

（7）非负约束：

$$PG_{jt}^{\pm} \geq 0, \quad \forall j, t \qquad (6-65)$$

$$EPG_{jth}^{\pm} \geq 0, \quad \forall j, t, h \qquad (6-66)$$

$$IEP_{th}^{\pm} \geq 0, \quad \forall t, h \qquad (6-67)$$

其中，$f^{\pm}$ 表示模型目标函数（10^9 元）；

j 表示电力转换技术（$j=1$ 代表燃煤发电，$j=2$ 代表煤气发电，$j=3$ 代表燃气发电，$j=4$ 代表水电，$j=5$ 代表生物质发电，$j=6$ 代表垃圾发电，$j=7$ 代表风电，$j=8$ 代表光伏发电）；

t 表示规划期（$t=1$ 为 2019～2021 年，$t=2$ 为 2022～2024 年，$t=3$ 为 2025～2027 年）；

n 表示扩容选择（$n=1, 2, 3$）；

h 表示电力需求水平（$h=1$ 为低水平，$h=2$ 为中水平，为高水平）；

r 表示污染物类型（$r=1$ 为 SO_2，$r=2$ 为 NO_X，$r=3$ 为 PM10）。

变量：

$PG_{jt}^{\pm}$ 表示 t 时期发电技术 j 预先制定的发电目标（GWh）；

$EPG_{jth}^{\pm}$ 表示 t 时期 h 水平下发电技术 j 额外发电量（GWh）；

$IEP_{th}^{\pm}$ 表示 t 时期 h 水平下电力调入量（GWh）；

$Y_{jnth}^{\pm}$ 表示 t 时期 h 水平下发电技术 j 是否在 n 扩容选择下扩容。

参数：

$FE_{jt}^{\pm}$ 表示 t 时期发电技术 j 能源转换率（TJ/GWh）；

$PUN_{jt}^{\pm}$ 表示 t 时期发电技术 j 能源购买成本（10^3 元/TJ）；

$PC_{jt}^{\pm}$ 表示 t 时期发电技术 j 常规运行成本（10^3 元/GWh）；

$PCE_{jt}^{\pm}$ 表示 t 时期发电技术 j 额外发电成本（10^3 元/GWh）；

p_{th} 表示 t 时期 h 水平下发生的概率；

$PUE_t^{\pm}$ 表示 t 时期 h 水平下调入电力成本（10^3 元/GWh）；

$EC_{jnth}^{\pm}$ 表示 t 时期 h 水平下发电技术 j 在 n 扩容选择下的扩容量（MW）；

$PEC_{jt}^{\pm}$ 表示 t 时期发电技术 j 单位扩容成本（10^3 元/MW）；

$PP_{jrt}^{\pm}$ 表示 t 时期发电技术 j 污染物 r 的常规治理成本（10^3 元/吨）；

$PPE_{jrt}^{\pm}$ 表示 t 时期发电技术 j 额外排放污染物 r 的治理成本（10^3 元/吨）；

$EF_{jrt}^{\pm}$ 表示 t 时期发电技术 j 污染物 r 产污系数（吨/GWh）；

$\eta_{jrt}^{\pm}$ 表示 t 时期发电技术 j 污染物 r 去除率；

$PET_{rt}^{\pm}$ 表示 t 时期污染物 r 排 r 放成本（10^3 元/吨）；

$CW_{jt}^{\pm}$ 表示 t 时期发电技术 j 用水量（10^3 立方米/GWh）；

$CCW_{jt}^{\pm}$ 表示 t 时期发电技术 j 用水成本（10^3 元/10^3 立方米）；

$PFS_{jt}^{\pm}$ 表示 t 时期发电技术 j 补贴成本（10^3 元/GWh）；

$AER_{jt}^{\pm}$ 表示 t 时期可利用能源资源量（TJ）；

$AW\tilde{R}_t^{\pm}$ 表示 t 时期可利用水资源量（10^3 立方米）；

λ 表示可信度水平；

$DM_{th}^{\pm}$ 表示 t 时期 h 水平下电力需求量（GWh）；

ρ_t 表示电网损失率；

$\alpha_t^{\pm}$ 表示 t 时期外购电比例；

RC_j 表示发电技术 j 原始装机容量（MW）；

$ST_{jt}^{\pm}$ 表示发电技术 j 运行时间（小时）；

$AEP_{rt}^{\pm}$ 表示 t 时期污染物 r 允许排放量（吨）；

$LCAP_{jt}^{\pm}$ 表示 t 时期发电技术 j 最小装机容量（MW）。

（三）数据收集与情景分析

通过对统计年鉴、政府官方报告、文献调查、政策和其他相关参考文献（Ding 等，2019；Guo 等，2020；Zhen 等，2016）进行整理和分析，获得了能—水关联系统的相关经济技术数据。根据历年《唐山市统计年鉴》和《区域电力产业发展规划》，预先制定了三种电力需求情景。表6-3为不同情景下的电力需求总量，以给定概率水平的区间值表示。通过参考一些相关研究，表6-4给出了各种电力转换技术的单位需水量数据（Lv 等，2018；Zhang 和 Anadon，2013）。表6-5描述了各种电力转换技术的发电成本。此外，根据不同的水资源可利用量，设置了6种不同的可信水平（0.5、0.6、0.7、0.8、0.9 和 1.0）。

表6-3 电力需求量

时期	需求水平	概率（%）	电力需求（10^3 GWh）
	低	0.25	[238.13，245.29]
$t=1$	中	0.5	[248.97，256.32]
	高	0.25	[260.09，267.62]
	低	0.2	[245.34，260.00]
$t=2$	中	0.6	[268.11，284.18]
	高	0.2	[292.60，309.80]
	低	0.3	[252.63，275.61]
$t=3$	中	0.4	[288.73，315.07]
	高	0.3	[329.17，358.63]

表6-4 电力转换技术单位需水量

电力转换技术	单位需水量（10^3 立方米/GWh）		
	$t=1$	$t=2$	$t=3$
燃煤发电	[1.64，1.77]	[1.55，1.69]	[1.47，1.60]
煤气发电	[1.53，1.63]	[1.48，1.57]	[1.42，1.52]

续表

电力转换技术	单位需水量（10^3 立方米/GWh）		
	$t = 1$	$t = 2$	$t = 3$
燃气发电	[0.97, 1.07]	[0.91, 1.02]	[0.85, 0.97]
水电	[0.18, 0.25]	[0.17, 0.23]	[0.16, 0.20]
生物质发电	[1.80, 2.25]	[1.70, 2.18]	[1.57, 2.10]
垃圾发电	[1.14, 1.30]	[1.08, 1.25]	[1.03, 1.21]
光伏发电	[0.10, 0.12]	[0.09, 0.11]	[0.08, 0.10]

表 6–5　电力发电成本

电力转换技术	时期		
	$t = 1$	$t = 2$	$t = 3$
发电运行成本（10^3 元/GWh）			
燃煤发电	[15.8, 17.1]	[15.0, 16.2]	[14.2, 15.5]
煤气发电	[16.0, 17.5]	[14.8, 16.0]	[14.0, 15.2]
燃气发电	[20.4, 22.3]	[18.9, 20.8]	[17.8, 19.5]
水电	[64.7, 77.6]	[61.5, 74.0]	[58.6, 70.3]
生物质发电	[70.5, 80.6]	[65.7, 75.0]	[61.0, 70.5]
垃圾发电	[68.0, 78.5]	[64.0, 72.5]	[60.0, 68.0]
风力发电	[74.5, 91.6]	[70.8, 88.5]	[66.5, 80.4]
光伏发电	[105.5, 115.6]	[95.7, 110.0]	[88.0, 101.5]
发电惩罚成本（10^3 元/GWh）			
燃煤发电	[24.5, 26.0]	[23.7, 25.0]	[22.6, 24.3]
煤气发电	[24.8, 26.5]	[23.2, 24.8]	[22.0, 24.0]
燃气发电	[30.4, 33.3]	[29.9, 31.8]	[28.4, 30.5]
水电	[84.7, 87.8]	[81.0, 84.2]	[78.2, 80.3]
生物质发电	[90.4, 100.5]	[85.5, 95.2]	[81.5, 90.5]
垃圾发电	[88.8, 99.1]	[84.0, 94.4]	[80.0, 89.0]
风力发电	[94.5, 111.6]	[90.8, 109.0]	[86.5, 100.5]
光伏发电	[128.5, 138.6]	[118.7, 123.5]	[111.0, 124.5]

续表

电力转换技术	时期		
	$t = 1$	$t = 2$	$t = 3$
扩容成本（10^6 元/MW）			
燃煤发电	[4.85, 4.90]	[4.95, 5.00]	[5.00, 5.10]
煤气发电	[2.95, 3.10]	[3.00, 3.15]	[3.10, 3.20]
燃气发电	[4.70, 4.85]	[4.60, 4.75]	[4.45, 4.60]
水电	[10.50, 11.40]	[9.70, 10.50]	[8.80, 9.50]
生物质发电	[4.00, 4.25]	[3.80, 4.00]	[3.50, 3.80]
垃圾发电	[10.00, 11.00]	[9.00, 10.50]	[8.50, 9.70]
风力发电	[9.00, 10.00]	[8.00, 9.10]	[7.50, 8.60]
光伏发电	[33.00, 35.00]	[28.00, 30.00]	[23.00, 25.00]

（四）结果分析与讨论

1. 电力生产方案

图 6-6 给出了规划期内不同可信度水平下的最优发电方案。从中可以看出，燃煤发电在唐山市发电中所占比重较大，这主要是因为唐山市煤炭资源丰富，而且煤电运行成本相对较低。当 $\lambda = 0.8$ 时，在中等需求水平下，时期 1～时期 3 内燃煤发电分别为 135.06 × 10^3 GWh、131.39 × 10^3 GWh 和 [121.45、127.50] × 10^3 GWh。在相同条件下，分别占总发电量的 [66.80, 68.04]%、[61.40, 62.67]% 和 [54.23, 56.97]%。此外，为了满足人们对环境质量越来越高的要求，天然气发电作为一种发电效率高、排放率低的清洁能源将得到进一步发展。在低需求水平下，时期 1～时期 3 内其优化发电量分别为 [19.09, 20.83] × 10^3 GWh、[17.90, 20.43] × 10^3 GWh 和 [26.53, 30.71] × 10^3 GWh，呈上升趋势。随着环境保护和能源结构调整战略的深入推进，新能源发电技术将获得广阔的发展空间。对于风电，由于其资源丰富的优势，在高需求水平下 $\lambda = 0.5$ 时，其发电量将由时期 1 的 [7.98, 8.40] × 10^3 GWh 增加到时期 3 的

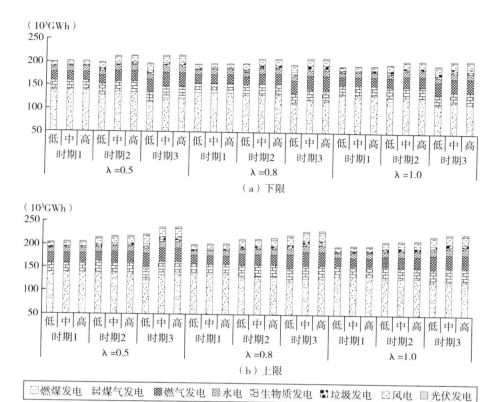

（a）下限

（b）上限

☐燃煤发电 ☐煤气发电 ☒燃气发电 ☒水电 ☐生物质发电 ☐垃圾发电 ☐风电 ☐光伏发电

图6－6 不同可信度水平下最优发电方案

[13.55，18.23]×10³GWh。相同情况下，时期1～时期3的生物质发电量分别为[1.89，2.05]×10³GWh、2.93×10³GWh和[4.19，4.39]×10³GWh。结果表明，不同电力转换技术的发电量会有不同程度的变化。例如，随着可信度水平的增加，燃煤发电将逐渐减少。这主要是因为随着可信水平的提高，水资源的可用量将降低，导致分配给燃煤发电的供水减少。反之，在整个规划期内，新能源发电的比重将不断增加。例如，在中等需求水平下，当λ＝0.5时，比重为[6.39，7.09]%、[9.56，10.03]%和[11.58，12.82]%；当λ＝0.8时，比重为[6.55，7.29]%、[10.20，10.39]%和[11.92，13.89]%，当λ＝1时，比重为[6.63，

7.38]％、［10.07，10.55］％和［12.16，13.84］％。这表明控制水资源总量将在一定程度上促进电力系统结构的调整。总体而言，电力结构将逐步从传统煤炭为主向新能源为主转变。

图6-7给出了不同置信水平下外购电力的最优结果。一般来说，随着电力需求的日益增长，将会有大量的外购电力来弥补电力供应的不足。例如，当 $\lambda = 0.6$ 时，三种需求水平下，外购电量将分别为时期1的 ［54.41，57.79］ $\times 10^3$GWh、 ［64.21，68.36］ $\times 10^3$GWh和［76.06，80.40］ $\times 10^3$GWh，时期2的 61.33 $\times 10^3$GWh、 ［73.06，85.79］ $\times 10^3$GWh和 ［98.36，111.82］ $\times 10^3$GWh，时期3的 70.74 $\times 10^3$GWh、［93.54，99.92］ $\times 10^3$GWh和 ［135.51，145.48］ $\times 10^3$GWh。结果表明，不同的可信水平对应着不同的水资源可利用量，导致外购电力方案的改变。随着 λ 的增加，外购电量呈现增长趋势。例如，在中等需求水平下，规划期内外购电量将从 $\lambda = 0.5$ 时的 ［63.02，66.70］ $\times 10^3$GWh、［71.81，84.45］ $\times 10^3$GWh和［92.08，97.81］ $\times 10^3$GWh增长到 $\lambda = 1$ 时的 ［69.19，73.34］ $\times 10^3$GWh、［78.19，90.99］ $\times 10^3$GWh、［98.58，108.57］ $\times 10^3$GWh。这主要是因为随着水资源可利用量的减少，决策者更倾向从主网进口电力，而不是去开发耗水量低的发电转换技术，花费高额的扩容成本。

2. 水资源分配方案

图6-8和图6-9分别为整个规划内中等需求水平下的总用水量和水量分配结果。如图6-8所示，随着 λ 水平的提升，总用水量将会减少，规划期内的数量将从 $\lambda = 0.5$ 时的 ［284.48，311.86］ $\times 10^6$ 立方米、［272.18，305.62］ $\times 10^6$ 立方米和［249.38，299.20］ $\times 10^6$ 立方米下降到 $\lambda = 1$ 时的 ［274.40，301.00］ $\times 10^6$ 立方米、［263.91，294.40］ $\times 10^6$ 立方米和［242.63，287.06］ $\times 10^6$ 立方米。此外，在唐山电力总用水量中，火力发电将占主导地位，然后是煤气发电和燃气发电。例如，当 $\lambda = 0.8$ 时，由于单位耗水率高和发电总量高，规划期内燃煤发电将占总用水量的 ［78.27，79.54］％、［74.29，75.69］％和［68.89，71.50］％；同

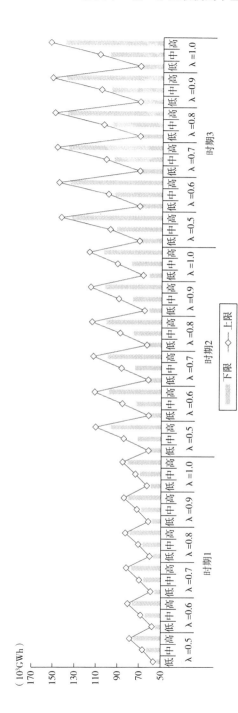

图 6 - 7 不同置信水平下外购电力情况

时，燃煤发电配水量分别为［221.50，239.06］×10⁶ 立方米、［203.66，222.06］×10⁶ 立方米和［178.52，203.19］×10⁶ 立方米。同样情况下，在总用水量中煤气发电所占比例较高，分别为［11.09，11.79］%、［12.30，12.91］% 和［12.95，14.60］%。这主要是因为煤气发电作为一种主要的节能减排措施，在规划期内会得到进一步的发展，其用水量会增加。对于光伏发电来说，其消耗水量较少，在规划期内，它所占的份额分别为［0.05，0.09］%、［0.08，0.11］% 和［0.09，0.12］%。作为一种有利于节水、减少污染物排放的清洁能源，由于装机容量较小，光伏发电受到了一定的限制。结果表明，应加大力度促进新能源的开发。

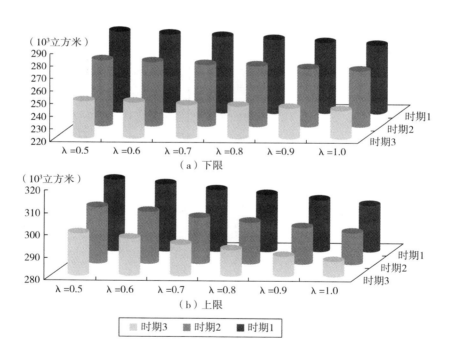

图 6-8　中等需求水平下总耗水量

3. 水资源可利用量情景影响

如图 6-9 所示，水资源的分配会随着水资源可用量的变化而变化。一

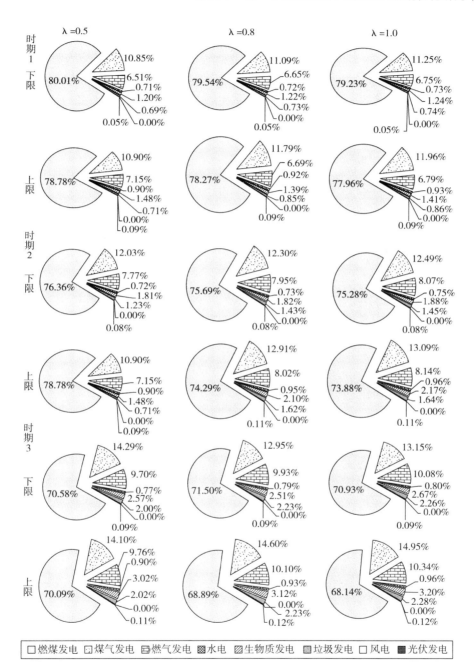

图 6 – 9 中等需求水平下水量分配情况

般情况下，燃煤发电耗水量的比例将随着 λ 水平的提升而下降，规划期内，其耗水量将从 λ = 0.5 时的 ［227.67，245.71］ ×10⁶ 立方米、［210.67，229.04］ ×10⁶ 立方米和 ［180.25，214.01］ ×10⁶ 立方米下降到 λ = 1 时的 ［217.42，234.65］ ×10⁶ 立方米、［199.49，217.51］ ×10⁶ 立方米和 ［174.35，196.26］ ×10⁶ 立方米。相比之下，在规划期内，垃圾发电配水量将从 ［1.95，2.23］ ×10⁶ 立方米、［3.38，4.29］ ×10⁶ 立方米和 ［5.10，6.16］ ×10⁶ 立方米增加到 ［2.04，2.29］ ×10⁶ 立方米、［3.86，4.83］ ×10⁶ 立方米和 ［5.56，6.57］ ×10⁶ 立方米；同时，其所占比例将有上升趋势。至于其他发电技术（如水力发电和风力发电），它们几乎不会因可信性水平的变化而改变。

4. 污染物排放

图 6 - 10 为规划期内不同 λ 水平下污染物排放情况。随着严格的减排措施的执行、提升的污染物处理技术和新能源技术的应用，在整个规划期内污染物排放量将迅速下降。在时期 1 ~ 时期 3 中，二氧化硫和 PM10 排放量分别为 ［106.29，124.20］ ×10³ 吨、［81.35，82.40］ ×10³ 吨和 ［56.62，64.02］ ×10³ 吨，以及 ［65.48，66.98］ ×10³ 吨、［55.37，56.88］ ×10³ 吨和 ［42.97，43.78］ ×10³ 吨。结果表明，不同的 λ 水平导致不同的污染物排放途径。例如，当 λ 为 0.5、0.6、0.7、0.8、0.9 和 1.0 时，氮氧化物排放量有减少的趋势，时期 1 内其排放量分别为 ［125.64，139.04］ ×10³ 吨、［124.74，138.97］ ×10³ 吨、 ［123.77，137.93］ ×10³ 吨、 ［122.80，136.87］ ×10³ 吨、［121.83，135.81］ ×10³ 吨和 ［120.86，134.75］ ×10³ 吨。这是因为较高的 λ 水平对应着较低的水资源可利用量，这将会限制燃煤发电的活动，从而影响污染物的排放。结果显示，控制水资源消耗对改善大气环境具有一定的积极作用。

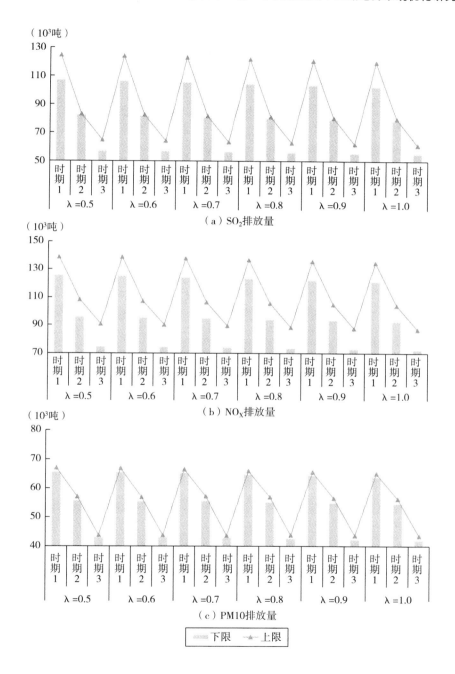

图 6 - 10 不同 λ 水平下污染物排放情况

5. 系统成本

图 6-11 显示了不同 λ 水平下的系统总成本。结果表明，不同的 λ 水平对应着不同的发电方案、水资源分配方式和外购用电计划，会导致系统总成本的变化。总体而言，随着可信度水平的提升，系统成本会略有增加。当 λ 为 0.5、0.8 和 1.0 时，总成本分别为 $[238.65，292.46] \times 10^9$ 元、$[241.16，295.00] \times 10^9$ 元和 $[242.96，296.92] \times 10^9$ 元。一般来

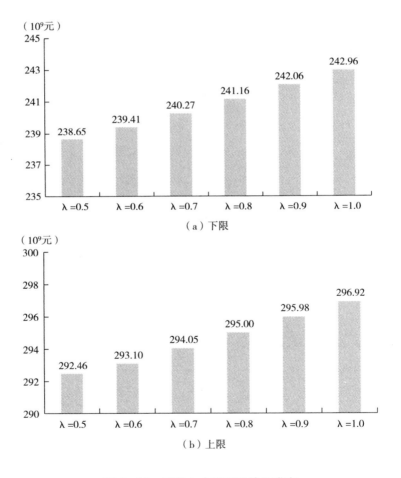

图 6-11 不同 λ 水平下系统总成本

说，随着可信度水平的提高，系统的故障风险会降低，反之亦然。违背水资源约束的风险越高，可信度越低，这意味着更多的水资源可以利用来满足火力发电的需求，从而降低系统成本。反之，可信度越高，风险越低，则会使用更多的外购电力和清洁能源来保证电力供应安全，从而导致系统成本较高。由此可见，在主观上经济目标和系统风险之间存在一种权衡关系。因此，区域管理者应该在更乐观、更灵活、持风险中性态度的方案和更保守、更可靠、持风险规避态度的方案之间进行选择。

6. 讨论

当水资源可利用量用确定值和离散区间代替模糊边界区间时，本章也可以用区间两阶段随机规划（ITSP）进行求解。因此，系统成本将为确定值，为 $[238.65，292.46] \times 10^9$ 元，属于 ITFCP 模型得到的目标值之一。相应地，决策者只能选择有限的能源供应模式，而没有考虑不确定信息和系统满意度信息。相比之下，所提出的 ITFCP 方法可以在离散区间的两个边界都不确定的情况下解决双重不确定问题。此外，根据决策者的态度，在不同的置信度下可为深入分析系统经济和系统失效风险之间的权衡提供支持。

（五）结论

针对能源系统规划问题，本章提出了一种混合区间两阶段模糊可信度约束规划方法（ITFCP）。该模型不但能够处理约束和目标函数中以概率分布、可能性分布和区间数表示的多种不确定性和动态特性，而且能够提供预先制定政策与经济惩罚、经济目标与系统风险之间的有效联系。此外，与传统的不确定性规划方法相比，通过引入区间模糊隶属度函数，可以有效地反映离散区间的两个边界也可能是不确定情况下的双重不确定性问题。在此基础上，以唐山市能源系统为例，从能—水关联的角度对其进行了实证研究。通过模糊满意度分析得到了 6 种可信性水平下的供电、外购电力、用水分配、污染物排放和系统成本的折中决策。

此外，通过本章也得到了一些发现。首先，决策者的不同可信度水平导致不同的发展战略，并伴随经济成本的变化和违规风险的可能。满足需求的供水可信度水平越高，经济成本越高，系统失败风险越低。其次，加强污染物治理技术、强化排放限制、促进新能源开发、调整电力结构对污染物减排有显著影响，二氧化硫、氮氧化物和 PM10 的排放量会随着时间的推移而减少。再次，在规划期内，燃煤发电和外购电力仍将在满足巨大的电力需求方面发挥主要作用。为了应对环境污染恶化和资源危机加剧等问题，政府应该进一步减少化石能源的消耗，并对新能源开发提供激励性投资。最后，控制水资源总消耗是促进能源和水资源协调可持续发展、加快电力系统结构调整、改善大气环境质量的一种有效途径。

三、本章小结

在全球能源及水资源危机的大背景下，两者之间的相关性与约束性特征日益突出，促进能源与水资源协调可持续发展成为了区域能源系统规划的必然选择。然而，传统的能源系统管理模式难以解决区域发展与能源消耗、水资源配置之间的冲突与矛盾，亟待从能源—水资源关联的角度下探寻区域能源系统优化配置理论和方法。为此，本章突破传统的规划思路，将水资源消耗问题纳入到能源系统优化的范畴以支持区域绿色低碳化资源优化配置，提出了混合区间两阶段模糊可信度约束规划方法（ITFCP），并开展了假例研究和实例验证。

具体来说：①通过分析系统经济、环境目标和系统违反风险之间的权衡关系，有助于解决能—水关联系统的不确定性和复杂关系，从而寻求合理的管理策略；②可以为规避风险的决策者提供决策空间，在风险较高的、比较乐观灵活的计划和风险较低的、比较保守可靠的计划之间作出选择；③促进电力供应与水资源管理更好地协同优化。此外，开发的模型和能源供应模式可以推广到其他类似唐山市的地区。但该模型也存在一定的局限性。ITFCP可以解决约束中以模糊集描述的不确定性问题，却难以处理目标函数中存在的模糊信息。本章考虑从其他地区进口电力，而忽略了此行为对这些地区水资源和能源的影响。在未来的研究中可以考虑生态补偿机制，使模型更加可靠。

参考文献

[1] Ahmed S, Sahinidis N V. Robust process planning under uncertainty [J]. Industrial & Engineering Chemistry Research, 1998, 37 (5): 1883 – 1892.

[2] Albrecht J. The future role of photovoltaics: A learning curve versus portfolio perspective [J]. Energy Policy, 2007, 35 (4): 2296 – 2304.

[3] Asif M, Muneer T. Energy supply, its demand and security issues for developed and emerging economies [J]. Renewable & Sustainable Energy Reviews, 2007, 11 (7): 1388 – 1413.

[4] Ashlynn S, Carey W, Michael E. The energy – water nexus in Texas [J]. Ecology and Society, 2011, 16 (1): 2 – 4.

[5] Bai D, Carpenter T, Mulvey J. Making a case for robust optimization models [J]. Management Science, 1997, 43 (7): 895 – 907.

[6] Berndes G. Bioenergy and water – the implications of large – scale bioenergy production for water use and supply [J]. Global Environmental Change, 2002, 12 (4): 253 – 271.

[7] Birge J R, Louveaux F V. A multicut algorithm for two – stage stochastic linear programs [J]. European Journal of Operational Research, 1988, 34 (3): 384 – 392.

[8] Borell C. Convex measures on locally convex spaces [J]. Arkiv för Matematik, 1974, 12 (1): 239 – 252.

［9］Bolinger M, Wiser R. Wind power price trends in the United States: Struggling to remain competitive in the face of strong growth ［J］. Energy Policy, 2009, 37 （3）: 1061 – 1071.

［10］Boloukat M H S, Foroud A A. Stochastic – based resource expansion planning for a grid – connected microgrid using interval linear programming ［J］. Energy, 2016 （113）: 776 – 787.

［11］Bouzaher A, Sahin S, Yeldan E. How to go Green: A general equilibrium investigation of environmental policies for sustained growth with an application to Turkey's economy ［J］. Letters in Spatial and Resource Sciences, 2015, 8 （1）: 49 – 76.

［12］Chang N B, Chen Y L, Wang S F. A fuzzy interval multiobjective mixed integer programming approach for the optimal planning of solid waste management systems ［J］. Fuzzy Sets and Systems, 1997, 89 （1）: 35 – 60.

［13］Charnes A, Cooper W W, Symonds G H. Cost horizons and certainty equivalents: An approach to stochastic programming of heating oil ［J］. Management Science, 1958, 4 （3）: 235 – 263.

［14］Chen C, Li Y P, Huang G H. An inexact robust optimization method for supporting carbon dioxide emissions management in regional electric – power systems ［J］. Energy Economics, 2013, 40 （2）: 441 – 456.

［15］Dantzig G B. Linear programming under uncertainty ［J］. Management Science, 1955, 1 （3 – 4）: 197 – 206.

［16］Daniel J, Dicorato M, Forte G, et al. A methodology for the electrical energy system planning of Tamil Nadu State （India） ［J］. Energy Policy, 2009, 37 （3）: 904 – 914.

［17］DeNooyer T A, Peschel J M, Zhang Z, et al. Integrating water resources and power generation: The energy – water nexus in Illinois ［J］. Applied Energy, 2016 （162）: 363 – 371.

［18］Ding Y, Zhang W, Yu L, et al. The accuracy and efficiency of GA and PSO optimization schemes on estimating reaction kinetic parameters of biomass pyrolysis [J]. Energy, 2019 (176): 582 −588.

[19] Dubois D, Prade H. When upper probabilities are possibility measures [J]. Fuzzy Sets and Systems, 1992, 49 (1): 65 −74.

[20] Dubois D, Prade H. Ranking fuzzy numbers in the setting of possibility theory [J]. Information Sciences, 1983, 30 (3): 183 −224.

[21] Lee J H. Energy supply planning and supply chain optimization under uncertainty [J]. Journal of Process Control, 2014, 24 (2): 323 −331.

[22] Davidson M R, Dogadushkina Y V, Kreines E M, et al. Mathematical model of power system management in conditions of a competitive wholesale electric power (capacity) market in Russia [J]. Journal of Computer and Systems Sciences International, 2009, 48 (2): 243 −253.

[23] Dong C, Huang G H, Cai Y P, et al. An inexact optimization modeling approach for supporting energy systems planning and air pollution mitigation in Beijing City [J]. Energy, 2012, 37 (1): 673 −688.

[24] Emodi N V, Emodi C C, Murthy G P, et al. Energy policy for low carbon development in Nigeria: A LEAP model application [J]. Renewable & Sustainable Energy Reviews, 2017 (68): 247 −261.

[25] Erkut E, Karagiannidis A, Perkoulidis G, et al. A multicriteria facility location model for municipal solid waste management in North Greece [J]. European Journal of Operational Research, 2008, 187 (3): 1402 −1421.

[26] Fabian C S, Stoica M. Fuzzy integer programming [J]. Fuzzy Sets and Decision Analysis, 1984 (1): 133 −145.

[27] Feng K, Hubacek K, Siu Y L, et al. The energy and water nexus in Chinese electricity production: A hybrid life cycle analysis [J]. Renewable & Sustainable Energy Reviews, 2014 (39): 342 −355.

[28] Gebremedhin A, Karlsson B, Bjoernfot K. Sustainable energy system − A case study from Chile [J]. Renewable Energy, 2009, 34 (5): 1241 −1244.

［29］ Guo P, Huang G H, Li Y P. An inexact fuzzy – chance – constrained two – stage mixed – integer linear programming approach for flood diversion planning under multiple uncertainties ［J］. Advances in Water Resources, 2010, 33 (1): 81 – 91.

［30］ Guo Y, Tan C, Wang P, et al. Structure – performance relationships of magnesium – based CO_2 adsorbents prepared with different methods ［J］. Chemical Engineering Journal, 2020 (379): 122277.

［31］ Hagos D A, Gebremedhin A, Zethraeus B. Towards a flexible energy system – A case study for Inland Norway ［J］. Applied Energy, 2014 (130): 41 – 50.

［32］ Henning H M, Palzer A. A comprehensive model for the German electricity and heat sector in a future energy system with a dominant contribution from renewable energy technologies – Part Ⅰ: Methodology ［J］. Renewable & Sustainable Energy Reviews, 2014, 30 (30): 1003 – 1018.

［33］ Hu Q, Huang G H, Cai Y P, et al. Planning of electric power generation systems under multiple uncertainties and constraint – violation levels ［J］. Journal of Environmental Informatics, 2014, 23 (1): 55 – 64.

［34］ Huang G H, Baetz B W, Patry G G. A grey linear programming approach for municipal solid waste management planning under uncertainty ［J］. Civil Engineering Systems, 1992 (9): 319 – 335.

［35］ Huang G H, Baerz B W, Patry G G. A grey fuzzy linear programming approach for municipal solid waste management planning under uncertainty ［J］. Civil Engineering Systems, 1993, 10 (2): 123 – 146.

［36］ Huang G H, Baetz B W, Patry G G. Grey dynamic programming for waste – management planning under uncertainty ［J］. Journal of Urban Planning and Development, 1994, 120 (3): 132 – 156.

［37］ Huang G H, Sae – Lim N, Liu L, et al. An interval – parameter fuzzy – stochastic programming approach for municipal solid waste management and planning [J] . Environmental Modeling and Assessment, 2001, 6 (4): 271 – 283.

[38] Huang Y H, Wu J H, Hsu Y J. Two – stage stochastic programming model for the regional – scale electricity planning under demand uncertainty [J] . Energy, 2016 (116): 1145 – 1157.

[39] Iniyan S, Sumathy K. An optimal renewable energy model for various end – uses [J] . Energy, 2000, 25 (6): 563 – 575.

[40] Ji L, Niu D X, Xu M, et al. An optimization model for regional micro – grid system management based on hybrid inexact stochastic – fuzzy chance – constrained programming [J] . International Journal of Electrical Power & Energy Systems, 2015 (64): 1025 – 1039.

[41] Jinturkar A M, Deshmukh S S. A fuzzy mixed integer goal programming approach for cooking and heating energy planning in rural India [J] . Expert Systems with Applications, 2011, 38 (9): 11377 – 11381.

[42] Kanudia A, Loulou R. Robust responses to climate change via stochastic Markal: The case of Québec [J] . European Journal of Operational Research, 1998, 106 (1): 15 – 30.

[43] Khella A F A. Egyp: Energy planning policies with environmental considerations [J] . Energy Policy, 1997, 25 (1): 105 – 115.

[44] Kılıç Y E, Tuzkaya U R. A two – stage stochastic mixed – integer programming approach to physical distribution network design [J] . International Journal of Production Research, 2015, 53 (4): 1291 – 1306.

[45] Koltsaklis N E, Dagoumas A S, Kopanos G M, et al. A spatial multi – period long – term energy planning model: A case study of the Greek power system [J] . Applied Energy, 2014 (115): 456 – 482.

[46] Kumar S. Assessment of renewables for energy security and carbon mitigation in Southeast Asia: The case of Indonesia and Thailand [J] . Applied Energy, 2016 (163): 63 – 70.

［47］ Laurent H, Alberto G, Luis J. Evaluation of Spain's water – energy nexus ［J］. International Journal of Water Resources Development, 2012, 28 (1): 151 – 170.

［48］ Li X M, Lu H W, Li J, et al. A modified fuzzy credibility constrained programming approach for agricultural water resources management – A case study in Urumqi, China ［J］. Agricultural Water Management, 2015 (156): 79 – 89.

［49］ Li Y F, Li Y P, Huang G H, et al. Energy and environmental systems planning under uncertainty – An inexact fuzzy – stochastic programming approach ［J］. Applied Energy, 2010, 87 (10): 3189 – 3211.

［50］ Li Y P, Huang G H, Nie S L. An interval – parameter multi – stage stochastic programming model for water resources management under uncertainty ［J］. Advances in Water Resources, 2006, 29 (5): 776 – 789.

［51］ Li X, Barton P I. Optimal design and operation of energy systems under uncertainty ［J］. Journal of Process Control, 2015, 30 (1): 1 – 9.

［52］ Liao X, Hall J W, Eyre N. Water use in China's thermoelectric power sector ［J］. Global Environmental Change, 2016 (41): 142 – 152.

［53］ Liu B, Liu Y K. Expected value of fuzzy variable and fuzzy expected value models ［J］. IEEE transactions on Fuzzy Systems, 2002, 10 (4): 445 – 450.

［54］ Lotfi M M, Ghaderi S F. Possibilistic programming approach for mid – term electric power planning in deregulated markets ［J］. Electrical Power and Energy System, 2012, 34 (34): 161 – 170.

［55］ Lubega W N, Farid A M. Quantitative engineering systems modeling and analysis of the energy – water nexus ［J］. Applied Energy, 2014 (135): 142 – 157.

［56］ Luhandjula M K, Ichihashi H, Inuiguchi M. Fuzzy and semi – infinite mathematical programming ［J］. Information Sciences, 1992 (61):

233 – 250.

[57] Lv J, Li Y P, Shan B G, et al. Planning energy – water nexus system under multiple uncertainties – A case study of Hebei province [J]. Applied Energy, 2018 (229): 389 – 403.

[58] Ma X, Chai M, Luo L, et al. An assessment on Shanghai's energy and environment impacts of using Markal model [J]. Journal of Renewable and Sustainable Energy, 2015, 7 (1): 13 – 105.

[59] Ma X, El – Keib A A, Smith R E, et al. A genetic algorithm based approach to thermal unit commitment of electric power systems [J]. Electric Power Systems Research, 1995, 34 (1): 29 – 36.

[60] Maheri A. A critical evaluation of deterministic methods in size optimisation of reliable and cost effective standalone hybrid renewable energy systems [J]. Reliability Engineering & System Safety, 2014 (130): 159 – 174.

[61] Malcolm S A, Zenios S A. Robust optimization for power systems capacity expansion under uncertainty [J]. Journal of the Operational Research Society, 1994, 45 (9): 1040 – 1049.

[62] Maqsood I, Huang G H. A two – stage interval – stochastic programming model for waste management under uncertainty [J]. Journal of the Air & Waste Management Association, 2003, 53 (5): 540 – 552.

[63] Maqsood I, Huang G H, Yeomans J S. An interval – parameter fuzzy two – stage stochastic program for water resources management under uncertainty [J]. European Journal of Operational Research, 2005, 167 (1): 208 – 225.

[64] Martins A G, Coelho D, Antunes H, et al. A multiple objective linear programming approach to power generation planning with demand – side management (DSM) [J]. International Transactions in Operational Research, 1996, 3 (3 – 4): 305 – 317.

[65] Mavrotas G, Demertzis H, Meintani A, et al. Energy planning in buildings under uncertainty in fuel costs: The case of a hotel unit in Greece

［J］. Energy Conversion & Management, 2003, 44（8）: 1303 – 1321.

［66］ Mavromatidis G, Orehounig K, Carmeliet J. Design of distributed energy systems under uncertainty: A two – stage stochastic programming approach ［J］. Applied Energy, 2018（222）: 932 – 950.

［67］ Milan C, Bojesen C, Nielsen M P. A cost optimization model for 100% renewable residential energy supply systems ［J］. Energy, 2012, 48（1）: 118 – 127.

［68］ Mortazavi – Naeini M, Kuczera G, Kiem A S, et al. Robust optimization to secure urban bulk water supply against extreme drought and uncertain climate change ［J］. Environmental Modelling & Software, 2015（69）: 437 – 451.

［69］ Muela E, Schweickardt G, Garcés F. Fuzzy possibilistic model for medium – term power generation planning with environmental criteria ［J］. Energy Policy, 2007, 35（11）: 5643 – 5655.

［70］ Mula J, Poler R, Garcia J P. MRP with flexible constraints: A fuzzy mathematical programming approach ［J］. Fuzzy Sets and Systems, 2006, 157（1）: 74 – 97.

［71］ Mulvey J M, Vanderbei R J, Zenios S A. Robust optimization of large – scale systems ［J］. Operations Research, 1995, 43（2）: 264 – 281.

［72］ Nair S, George B, Malano H M, et al. Water – energy – greenhouse gas nexus of urban water systems: Review of concepts, state – of – art and methods ［J］. Resources, Conservation and Recycling, 2014（89）: 1 – 10.

［73］ Nie X H, Huang G H, Li Y, et al. IFRP: A hybrid interval – parameter fuzzy robust programming approach for waste management planning under uncertainty ［J］. Journal of Environmental Management, 2007, 84（1）: 1 – 11.

［74］ Parkinson S C, Makowski M, Krey V, et al. A multi – criteria model analysis framework for assessing integrated water – energy system transformation pathways ［J］. Applied Energy, 2018（210）: 477 – 480.

［75］ Pazouki S, Haghifam M R, Moser A. Uncertainty modeling in optimal operation of energy hub in presence of wind, storage and demand response ［J］. International Journal of Electrical Power & Energy Systems, 2014 (61): 335 – 345.

［76］ Pishvaee M S, Torabi S A, Razmi J. Credibility – based fuzzy mathematical programming model for green logistics design under uncertainty ［J］. Computers & Industrial Engineering, 2012, 62 (2): 624 – 632.

［77］ Plumb I, Zamfir A I. A comparative analysis of green certificates markets in the European Union, Management of Environmental Quality: An International Journal, 2009, 20 (6): 684 – 695.

［78］ Prékopa A. Logarithmic concave measure and related topics ［M］ // Dempster M. A. H. (ed.). Stochastic programming. Academic Press, 1980: 63 – 82.

［79］ Pereira A J C, Saraiva J T. A long term generation expansion planning model using system dynamics – case study using data from the Portuguese/Spanish generation system ［J］. Electric Power Systems Research, 2013, 97 (1): 41 – 50.

［80］ Ramanathan R. An analysis of energy consumption and carbon dioxide emissions in countries of the Middle East and North Africa ［J］. Energy, 2005, 30 (15): 2831 – 2842.

［81］ Rong A, Lahdelma R. Fuzzy chance constrained linear programming model for optimizing the scrap charge in steel production ［J］. European Journal of Operational Research, 2008, 186 (3): 953 – 964.

［82］ Sato O, Tatematsu K, Hasegawa T. Reducing future CO_2 emissions the role of nuclear energy ［R］. Progress in Nuclear Energy, 1998, 32 (314): 323 – 330.

［83］ Sadeghi M, Hosseini H M. Energy supply planning in Iran by using fuzzy linear programming approach (regarding uncertainties of investment costs)

［J］. Energy Policy, 2006, 34 (9): 993 – 1003.

［84］Santos H L, Legey L F L. A model for long – term electricity expansion planning with endogenous environmental costs ［J］. International Journal of Electrical Power & Energy Systems, 2013, 51 (10): 98 – 105.

［85］Satsangi P S, Sarma E A S. Integrated energy planning model for India with particular reference to renewable energy prospects ［J］. Solar Energy Society of India, Energy Options for the 90's, New Delhi, 1988: 596 – 620.

［86］Simic V, Dabic – Ostojic S. Interval – parameter chance – constrained programming model for uncertainty – based decision making in tire retreading industry ［J］. Journal of Cleaner Production, 2017, 167: 1490 – 1498.

［87］Suo M Q, Li Y P, Huang G H, et al. Electric power system planning under uncertainty using inexact inventory nonlinear programming method ［J］. Journal of Environmental Informatics, 2013, 22 (1): 49 – 67.

［88］Taha A F, Hachem N A, Panchal J H. A Quasi – Feed – in – Tariff policy formulation in micro – grids: A bi – level multi – period approach ［J］. Energy Policy, 2014, 71 (3): 63 – 75.

［89］Thepkhun P, Limmeechokchai B, Fujimori S, et al. Thailand's low – carbon scenario 2050: The AIM/CGE analyses of CO_2 mitigation measures ［J］. Energy Policy, 2013 (62): 561 – 572.

［90］Theodosiou G, Stylos N, Koroneos C. Integration of the environmental management aspect in the optimization of the design and planning of energy systems ［J］. Journal of Cleaner Production, 2015 (106): 576 – 593.

［91］Wang S, Cao T, Chen B. Water – energy nexus in China's electric power system ［J］. Energy Procedia, 2017 (105): 3972 – 3977.

［92］Weber C, Shah N. Optimisation based design of a district energy system for an eco – town in the United Kingdom ［J］. Energy, 2011, 36 (2): 1292 – 1308.

［93］Xie Y L, Li Y P, Huang G H, et al. An interval fixed – mix stochastic programming method for greenhouse gas mitigation in energy systems under uncertainty [J]. Energy, 2010, 35 (12): 4627 - 4644.

[94] Xu Y, Huang G H, Qin X S, et al. An interval - parameter stochastic robust optimization model for supporting municipal solid waste management under uncertainty [J]. Waste Management, 2010, 30 (2): 316 - 327.

[95] Xue G, Zhang Y, Liu Y. Multi - objective optimization of a microgrid considering load and wind generation uncertainties [J]. International Review of Electrical Engineering, 2012, 7 (6): 6225 - 6234.

[96] Yang J, Chen B. Energy - water nexus of wind power generation systems [J]. Applied Energy, 2016 (169): 1 - 13.

[97] Yin J N, Huang G H, Xie Y L, An Y K. Carbon - subsidized inter - regional electric power system planning under cost - risk tradeoff and uncertainty: A case study of Inner Mongolia, China [J]. Renewable and Sustainable Energy Reviews, 2021 (135): 110439.

[98] Yu C S, Li H L. A robust optimization model for stochastic logistic problems [J]. International Journal of Production Economics, 2000, 64 (1): 385 - 397.

[99] Zehar K, Sayah S. Optimal power flow with environmental constraint using a fast successive linear programming algorithm: Application to the algerian power system [J]. Energy Conversion & Management, 2008, 49 (11): 3362 - 3366.

[100] Zhang B J, Hua B. Effective MILP model for oil refinery - wide production planning and better energy utilization [J]. Journal of Cleaner Production, 2007, 15 (5): 439 - 448.

[101] Zhang C, Anadon L D. Life cycle water use of energy production and its environmental impacts in China [J]. Environmental Science & Technology, 2013, 47 (24): 14459 - 14467.

[102] Zhang X D, Vesselinov V V. Energy - water nexus: Balancing the

tradeoffs between two – level decision makers ［J］. Applied Energy，2016（183）：77 – 87.

［103］Zhao R，Liu B. Standby redundancy optimization problems with fuzzy lifetimes ［J］. Computers & Industrial Engineering，2005，49（2）：318 – 338.

［104］Zhen J L，Li W，Huang G，et al. An air quality management model based on an interval dual stochastic – mixed integer programming ［J］. Water，Air，& Soil Pollution，2014，225（6）：1986.

［105］Zhen J L，Huang G H，Li W，et al. An optimization model design for energy systems planning and management under considering air pollution control in Tangshan City，China ［J］. Journal of Process Control，2016（47）：58 – 77.

［106］Zhou F，Huang G H，Chen G X，et al. Enhanced – interval linear programming ［J］. European Journal of Operational Research，2009，199（2）：323 – 333.

［107］Zhu Y，Huang G H，Li Y P，et al. An interval full – infinite mixed – integer programming method for planning municipal energy systems – a case study of Beijing ［J］. Applied Energy，2011，88（8）：2846 – 2862.

［108］Zimmermann H J. Fuzzy set theory – and its applications ［M］. Springer Science & Business Media，2011.

［109］白建华，辛颂旭，刘俊，郑宽. 中国实现高比例可再生能源发展路径研究 ［J］. 中国电机工程学报，2015（14）：3699 – 3705.

［110］陈少强. 新能源财政政策应注意的几个问题 ［J］. 中国能源，2010，32（5）：12 – 14.

［111］杜尔顺，孙彦龙，张宁等. 适应低碳电源发展的低碳电网规划模型 ［J］. 电网技术，2015，39（10）：2725 – 2730.

［112］冯翠洋. 中国能源供应的水足迹测算及能—水政策协同研究 ［D］. 中国石油大学（北京），2016.

［113］高津京．我国水资源利用与电力生产关联分析［D］．天津大学，2012．

［114］郭怀成，黄国和，邹锐等．流域环境系统不确定性多目标规划方法及应用——洱海流域环境系统规划［J］．中国环境科学，1999，19（1）：33－37．

［115］郭炜煜，李超慈．基于区间—机会约束的区域电力一体化环境协同治理不确定优化模型研究［J］．华北电力大学学报（自然科学版），2016，43（3）：102－110．

［116］何旭波．补贴政策与排放限制下陕西可再生能源发展预测——基于 MARKAL 模型的情景分析［J］．暨南学报（哲学社会科学版），2013，35（12）：1－8．

［117］黄华，常湧，李琦．基于模糊规划的含风电系统低碳化经济调度［J］．武汉大学学报（工学版），2019，52（2）：163－171．

［118］李鑫，欧名豪，严思齐．基于区间优化模型的土地利用结构弹性区间测算［J］．农业工程学报，2013，29（17）：240－247．

［119］梁立达，王剑，孙贵根．基于机会约束规划的海水淡化优化调度［J］．杭州电子科技大学学报，2016，36（6）：40－44．

［120］刘政平，李薇，王深，黄国和，齐心．不确定条件下能源优化配置与敏感性分析模型［J］．可再生能源，2017，35（10）：1544－1550．

［121］陆悠悠．山东省能源经济环境系统模糊规划研究［D］．中国石油大学（华东），2014．

［122］马丁，陈文颖．基于 TIMES－Water 模型的能源与水资源分析［C］．2014 中国可持续发展论坛，2014．

［123］牛东晓，马天男，黄雅莉等．基于 Godlike 算法的海岛型分布式电源规划模型［J］．电力建设，2016，37（9）：132－139．

［124］申梦阳，赵建平，桂东伟，冯新龙．基于两阶段随机规划方法的绿洲水资源优化配置［J］．干旱地区农业研究，2018，36（4）：233－

238，245.

［125］时佳瑞．基于 CGE 模型的中国能源环境政策影响研究 ［D］．北京化工大学，2016.

［126］孙朝阳．两阶段随机排队论应用于区域电力能源系统规划 ［D］．华北电力大学（北京），2016.

［127］孙华．基于鲁棒优化的城市交通网络设计模型与算法研究 ［D］．北京交通大学，2014.

［128］唐霞，曲建升．我国能源生产与水资源供需矛盾分析和对策研究 ［J］．生态经济（中文版），2015，31（10）：50－52.

［129］佟庆，白泉，刘滨等．MARKAL 模型在北京中远期能源发展研究中的应用 ［J］．中国能源，2004，26（6）：36－39.

［130］王德智，王桂生，吴畏等．串联供水库群优化调度的模糊规划模型 ［J］．水利科技与经济，2009，15（11）：967－970.

［131］王飞跃，郭换换，裴甲坤，杨宸宇，裴重伟．不确定条件下应急资源分配区间规划模型研究 ［J］．中国安全生产科学技术，2019，15（10）：107－113.

［132］王瑞琪，马杰，刘洪正等．山东省新能源发展现状及前景分析 ［J］．山东电力技术，2015，42（6）：26－43.

［133］魏一鸣，吴刚，刘兰翠，范英．能源—经济—环境复杂系统建模与应用进展 ［J］．管理学报，2005，2（2）：159－170.

［134］武传宝．基于供需调整的区域能源系统优化管理研究 ［D］．华北电力大学（北京），2017.

［135］徐毅，汤烨，付殿峥等．基于水质模拟的不确定条件下两阶段随机水资源规划模型 ［J］．环境科学学报，2012，32（12）：3133－3142.

［136］吕明珠．油田开发模糊规划模型及应用 ［D］．西南石油大学，2016.

［137］岳小花．可再生能源经济激励政策立法研究 ［J］．江苏大学

学报（社会科学版），2016（2）：7-14.

［138］曾雪婷．随机模糊规划方法及流域水权交易研究［D］．华北电力大学，2015.

［139］张春成，赵晓丽．基于 EnergyPLAN 模型分析现有政策对可再生能源发展的影响——以京津冀为例［J］．华北电力大学学报（社会科学版），2016（5）：15-22.

［140］张超．电力综合资源规划模型及相关问题研究［D］．华北电力大学，2012.

［141］张东海．基于减排约束下上海市电力结构多目标规划研究［J］．节能与环保，2020（9）：70-71.

［142］赵文会，毛璐，王辉等．征收碳税对可再生能源在能源结构中占比的影响——基于 CGE 模型的分析［J］．可再生能源，2016（7）：1086-1095.

［143］周丽娜．基于 LEAP 模型的山东省低碳发展情景分析研究［D］．山东财经大学，2015.

［144］朱跃中，戴彦德．中国可持续能源发展情景及其碳排放分析［J］．中国能源，2002（11）：36-42.

［145］赵媛，梁中，袁林旺等．能源与社会经济环境协调发展的多目标决策——以江苏省为例［J］．地理科学，2001，21（2）：164-169.

［146］左其亭，郭唯，胡德胜等．能—水关联的和谐论解读及和谐发展途径［J］．西安交通大学学报（社会科学版），2016，36（3）：100-104.